图形创意设计 必修课

（Illustrator版）

梁晓龙 编著

清华大学出版社

北京

内容简介

本书是实用性较强的图形创意设计书籍，注重图形创意设计的行业理论及项目应用，循序渐进地讲解理论知识、软件操作。

本书共分为12章，内容包括图形创意设计基本知识、图形设计的创意手法、图形的构成方式、图形设计与构图、标志中的图形创意、名片设计中的图形创意、海报中的图形创意、广告中的图形创意、VI设计中的图形创意、App UI中的图形创意、书籍设计中的图形创意、包装设计中的图形创意。其中对第5～12章的项目进行了细致的理论解析和操作步骤讲解。

本书针对初级、中级专业从业人员而编写，适合各大专院校平面设计、广告设计、包装设计、VI设计等专业的学生使用，同时也适合作为相关培训机构的教材使用。

图书在版编目(CIP)数据

图形创意设计必修课：Illustrator 版 / 梁晓龙编著 . —北京：清华大学出版社，2022.6（2024.1重印）
ISBN 978-7-302-60553-9

Ⅰ . ①图… Ⅱ . ①梁… Ⅲ . ①图形软件—教材 Ⅳ . ① TP391.412

中国版本图书馆 CIP 数据核字 (2022) 第 064066 号

责任编辑：韩宜波
封面设计：杨玉兰
责任校对：翟维维
责任印制：杨 艳

出版发行：清华大学出版社
   网 址：https://www.tup.com.cn, https://www.wqxuetang.com
   地 址：北京清华大学学研大厦 A 座   邮 编：100084
   社 总 机：010-83470000   邮 购：010-62786544
   投稿与读者服务：010-62776969，c-service@tup.tsinghua.edu.cn
   质 量 反 馈：010-62772015，zhiliang@tup.tsinghua.edu.cn
印 装 者：三河市君旺印务有限公司
经 销：全国新华书店
开 本：185mm×260mm   印 张：15.75   字 数：383 千字
版 次：2022 年 6 月第 1 版   印 次：2024 年 1 月第 3 次印刷
定 价：79.80 元

产品编号：090293-01

前　言 Preface

Illustrator是Adobe公司推出的制图软件，广泛应用于平面设计、广告设计、海报设计、插画设计、VI设计等。基于图形创意设计是各类设计中的基础，且Illustrator在图形创意设计中的应用度之高，我们编写了本书。本书选择图形创意设计中最为实用的经典案例，涵盖图形创意设计的多个应用方向。

本书分为两大部分，第一部分为理论知识，详细介绍图形创意设计中需要掌握的基础知识、技巧；第二部分为应用型项目实战，从项目的思路到制作步骤都有详细介绍。如此一来，读者既可以掌握图形创意设计的行业理论，又可以掌握Illustrator的相关操作，还可以了解完整的项目制作流程。

本书共分为12章，内容安排如下：

第1章　图形创意设计基本知识，介绍图形创意设计的定义、图形创意设计的功能、图形创意设计构成元素。

第2章　图形设计的创意手法，讲解13种创意手法的应用技巧。

第3章　图形的构成方式，讲解了11类图形的构成方式。

第4章　图形设计与构图，讲解了13种常用构图方式。

第5～12章为商业图形创意设计类型，讲解了8类大型商业案例。包括标志设计、名片设计、海报设计、广告设计、VI设计、App UI设计、书籍设计、包装设计。

本书特色如下：

◎ 结构合理。本书第1～4章为图形创意设计基础理论知识，第5～12章为商业图形创意设计的项目应用。

◎ 编写细致。第5～12章详细介绍了图形创意设计的项目应用，每个项目详细介绍了设计思路、配色方案、版面构图、同类作品欣赏、项目实战。完整度极高，最大限度地还原了项目设计的全程操作，使读者身临其境般地参与项目。

◎ 实用性强。精选时下热门应用，同步实际就业方向、应用领域。

本书采用Illustrator 2020版本进行编写，建议使用该版本或相近版本学习。不同版本的软件会有些许功能上的差异，但基本不影响学习。如果需要打开案例文件，请使用2020版本或更高版本。如果使用过低的版本，可能会造成源文件无法打开等问题。

　　本书案例中涉及的企业、品牌、产品以及广告语等文字信息均属虚构，只用于辅助教学使用，不具有任何含义。

　　本书由梁晓龙编著，其他参与本书内容编写和整理工作的人员还有董辅川、王萍、李芳、孙晓军、杨宗香。

　　本书提供了案例的素材文件、效果文件以及视频文件，扫一扫右侧的二维码，推送到自己的邮箱后下载获取。

　　由于编者水平有限，书中难免存在不妥之处，敬请广大读者批评和指正。

编　者

目 录 Contents

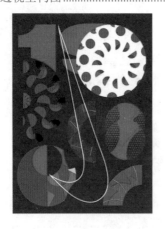

第 7 章 海报中的图形创意 94

第 9 章 VI设计中的图形创意 135

第 8 章 广告中的图形创意 118

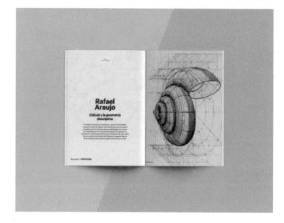

第 1 章

图形创意设计基本知识

　　图形创意设计是以独特的图形语言表现作品设计的主题，通过图形、文字、色彩、构图以及创意手法等要素进行的设计。图形在设计作品中占据着重要的位置，以独树一帜的形象给人以深刻的印象，激发观者的兴趣。

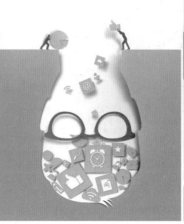

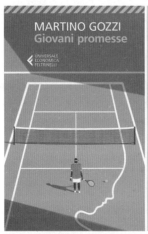

1.1 图形与创意

图形是指在二维空间（平面）上绘制出的形状。在艺术设计领域中，图形通常是指由轮廓及色彩构成的一个个的"面"，或者由多个"面"组合而成的形状。

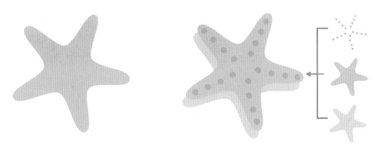

图形作为重要的信息传递载体，在多样化的设计元素中，起着不可替代的作用。图形以自身独有的优势表现设计主题，相较于其他设计元素而言，能给人带来更为直观、鲜明的视觉冲击力。

图形创意设计可应用于广告设计、书籍装帧设计、包装设计、海报招贴设计、标志设计等多种平面设计。图形不仅可以单独出现用以表达某种内容，还可以起到辅助文字或图像展示的作用。

食品包装　　　　　　　　音乐会海报招贴　　　　　　　　啤酒广告

标志设计　　　　　　　　　　　　　　　　书籍排版

1.2 图形创意设计的功能

图形创意将独特的灵感通过可视化的色彩、图形图案、线条、肌理、形态构成等方式转变为一种视觉表达手段。其特点是视觉元素简洁、视觉冲击力强、感染力与艺术表现力丰富。图形创意设计的功能可归纳为以下几点。

- 增强画面的传播效果。
- 提升作品的亲和力。
- 促进阅读。
- 激发观者的兴趣。
- 传播信息与理念。

1.3 图形的常见类型

图形是平面设计作品中主要的构成要素，具有形象化、具体化、直接化的特性，是一种视觉语言，在难以识别文字说明的情况下，通过图形可以了解广告信息。常见的图形有人物图形、动物图形、自然图形、物体图形、抽象图形等。

1.人物图形

人物图形是将人的形态、动作或表情通过图形的组构呈现出来，赋予图形生命力，使其具有极强的感染力。

2.动物图形

动物图形呈现出动物的形象特征与结构特点，让观者一目了然，辨别出动物的形象。动物图形的使用可以使整体画面更加生动，富有意趣。

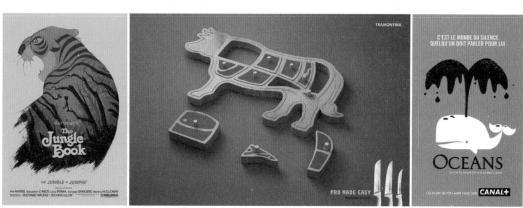

3.自然图形

自然图形是指在自然界中常见的图形，例如太阳、星星、花卉、植物等。自然图形常带来自然、亲近、震撼的视觉体验。

4.物体图形

物体图形，即物体本身所呈现出的图形，例如建筑所呈现出的矩形形状、水果具有的圆形等。物体图形可以给观者留下广阔的想象空间与心理暗示。

5.抽象图形

抽象图形是将图形以超乎寻常的方式进行排列、重组，从而产生变化无穷、超出现实的视觉效果。抽象图形能表达出设计者的灵感构思，使作品的整体风格更加丰富、生动。

1.4 图形创意与色彩

任何平面设计作品都离不开色彩，色彩是表现主题和创意的重要方式。在进行色彩搭配的过程中，选择的配色既要充分展现产品、体现企业的特征、符合当下市场审美，还要根据受众年龄、经历、环境、风俗、性别选择相应的颜色。

- 食品类图形创意作品多选用鲜艳、醒目的颜色来突出食品的美味，从而触动观者的味蕾。
- 常用色调：红色、橙色、黄色、绿色。

- 安全类图形创意作品通常用色简单、轻柔，摒弃了花哨、张扬的色彩，作品往往传递出可靠、值得信任的安全感，以稳定、内敛的用色打动观众。
- 常用色调：蓝色、绿色、灰色、白色。

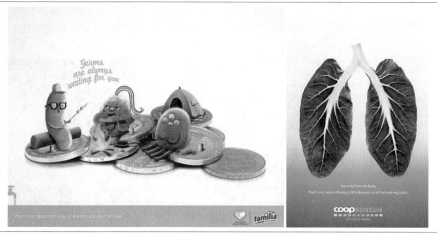

- 情感类的图形创意作品涉及的行业较广，多使用视觉感染力较强的暖色调色彩，给人亲切、浓郁、饱满的感觉。
- 常用色调：橙色、红色、黄色、棕色。

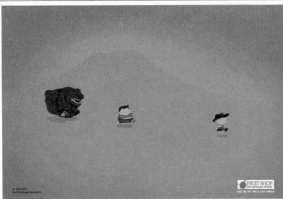

- 环保主题图形创意作品具有较强的公益宣传效果，能够建立起人们的环保意识，促进人与自然的和谐发展，形成良好的社会风尚。
- 常用色调：蓝色、绿色、灰色、白色。

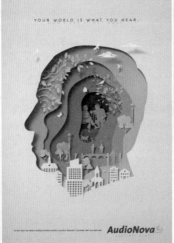

- 科技类图形创意作品不仅侧重实用性，还侧重严谨、冷静、超现实风格的视觉表达。
- 常用色调：灰色、白色、蓝色、青色。

第2章

图形设计的创意手法

MOTHER'S DAY

创意是一个优秀作品必备的闪光点，是指通过联想、想象或其他手法将图形进行解构或重组。设计师应在保持作品基本逻辑的基础上发挥创意想象，让作品更巧妙、更创意、更加独一无二。

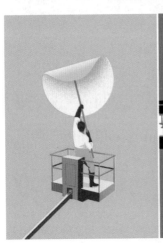
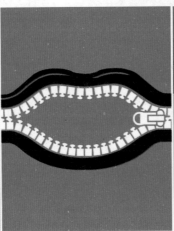
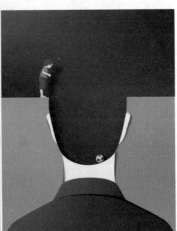

2.1 直接展示法

直接展示法是将图形的形状、意义、内涵、功能等，直接展现在作品中，从而赢得观者的好感与信赖感。

该作品中图形位于画面中间的视觉焦点位置，叉子卷起的面条由画面左侧延伸出画面右侧，突出面条的筋韧与细长的特点，给人口感细腻、美味十足的感觉，吸引观者的注意。该作品为"渐变图形"的构成方式，通过复制叉子，使画面对视觉产生强调的作用。

色彩点评：

- 该作品是食品主题的平面创意设计，面条图形采用乳白色，给人细腻、柔和、舒适的感觉，展现出食品的特点。
- 叉子的色彩用灰色，表现出银质餐具的质感，衬托出食品不仅美味，还会为消费者带来愉悦、舒适的用餐体验。
- 画面采用与灰色、乳白色色相相差较大的酒红色作为背景色，达到突显主体图形的作用，使观者的视线集中到中心图形上。

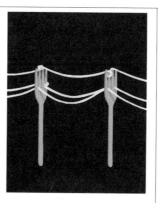

CMYK：57,100,71,35

CMYK：24,18,18,0

CMYK：3,9,19,0

推荐色彩搭配：

C: 22 M: 85 Y: 46 K: 0	C: 57 M: 100 Y: 71 K: 35		C: 17 M: 100 Y: 81 K: 0	C: 73 M: 51 Y: 0 K: 0	C: 8 M: 24 Y: 66 K: 0		C: 3 M: 16 Y: 17 K: 0	C: 69 M: 8 Y: 18 K: 0

这是一幅关于改善心情的图形创意作品，以俯视视角展示不一样的景色。该作品以流行的扁平化设计风格刻画出沙滩、躺椅与海洋，展现了一幅悠闲的夏日情景，与画面下方的文字相呼应，直观清晰地表达了作品主题。

色彩点评：

- 该作品以米黄色为主色，表现出沙滩的质感，反映了作品的主题，给人轻松、平静、悠闲的感觉。
- 海洋采用色调偏冷的青色，与暖色调的米黄色形成画面色彩上的平衡，塑造出清爽、纯净的画面情绪，使观者感受到悠闲的沙滩时光。
- 画面左上方的图形采用红色、深青色、黄色等几种色彩，使沙滩椅与遮阳伞的造型更加细致、生动，具有较强的视觉吸引力。

BEACH
THERAPY

CMYK：3,9,21,0

CMYK：64,7,29,0

CMYK：8,24,65,0

CMYK：14,86,85,0

推荐色彩搭配：

C: 8	C: 57		C: 3	C: 47	C: 43		C: 22	C: 4
M: 15	M: 48		M: 9	M: 7	M: 26		M: 93	M: 25
Y: 38	Y: 45		Y: 21	Y: 87	Y: 91		Y: 11	Y: 3
K: 0	K: 0		K: 0	K: 0	K: 0		K: 0	K: 0

2.2 极限夸张法

　　极限夸张是图形创意常用的方式，根据作品特点，尽可能地"夸张"。例如要体现元素的"大"，那么就根据"大"这个主题进行想象，最"大"能到什么程度。在图形设计方面极限夸张法一般追求新颖变化，通过虚构对部分图形进行解构或对某个图形进行夸张化，就能赋予人们全新的视觉体验。

　　画面中男孩佩戴的望远镜反映出不同的场景，男孩的神情惊讶，说明望远镜的功能十分特别，可以使远处的景象近在眼前，给人身临其境的感觉，画面具有较强的视觉冲击力。

色彩点评：

- 该作品以深蓝色作为背景色，冷色调的背景给人平静、深邃的感觉。
- 人物的形象采用白色与黄色，在深蓝色背景的衬托下更加突出、醒目，具有较强的视觉冲击力。
- 望远镜的图形采用红色、粉色、黄色、白色等多种色彩，与背景形成冷暖对比，将镜中场景刻画得更加细腻、丰富。同时丰富的色彩更能突出童趣。

CMYK：88,59,13,0

CMYK：0,0,0,0

CMYK：99,85,44,9

CMYK：10,30,83,0

CMYK：25,86,62,0

CMYK：26,78,32,0

推荐色彩搭配：

C: 74	C: 11		C: 6	C: 51	C: 24		C: 26	C: 64
M: 22	M: 29		M: 61	M: 6	M: 2		M: 21	M: 64
Y: 27	Y: 85		Y: 87	Y: 94	Y: 8		Y: 27	Y: 7
K: 0	K: 0		K: 0	K: 0	K: 0		K: 0	K: 0

　　下面是一家咖啡馆的图形标志设计，为了突显极致的真材实料、口感醇厚，在杯子上方聚集着大量大小不一的咖啡豆，给人留下值得信赖的印象。

色彩点评：

- 该作品以深灰色为背景色，更显高端、稳重。
- 图形标志采用深青色，青色色调偏冷，给人冷静、清醒的感觉，暗示咖啡提神的功效。

CMYK：80,74,71,45

CMYK：74,22,27,0

推荐色彩搭配：

C：11	C：100		C：58	C：71	C：71		C：72	C：11
M：96	M：88		M：14	M：87	M：11		M：7	M：18
Y：54	Y：46		Y：9	Y：18	Y：98		Y：44	Y：87
K：0	K：11		K：0	K：0	K：0		K：0	K：0

2.3 对比法

对比法是将描绘事物的图形通过不同的形象互比互衬，从而揭示主题的意义和内涵。对比法不仅加强了视觉对比冲突，也更容易制作趣味性。

该作品的图形结构分为左右不同的两个部分，左侧的线条与右侧的光盘图形属于不同的维度概念，相同的末端线条则给人一种光盘是由线条组成的心理暗示。

色彩点评：

- 该作品采用白色作为背景色，与主体图形形成鲜明的黑白对比，使画面具有较强的视觉冲击力。
- 黑色作为主体图形的色彩，简洁明了的线条具有较强的视觉吸引力。
- 曲线线条使图形充满动感与韵律感，增强了画面的活跃感，给人以深刻的印象。

CMYK：90,87,87,77

CMYK：0,0,0,0

推荐色彩搭配：

C：11	C：13		C：53	C：5	C：7		C：7	C：61
M：20	M：95		M：99	M：11	M：50		M：38	M：68
Y：87	Y：94		Y：68	Y：32	Y：40		Y：89	Y：85
K：0	K：0		K：21	K：0	K：0		K：0	K：27

画面上方停止转动的风扇与下方顺畅运转的风扇形成鲜明的对比，通过两个图形之间的对比体现作品的主题，说明出现问题时思路的中断与发现解决方案后的灵感的爆发。

色彩点评：

- 该作品以黄色为主色调，浓郁的黄色具有较强的视觉冲击力，给人以活跃、明艳的感觉。
- 主体图形采用黑色进行设计，黑色沉稳、大方，搭配黄色给人以鲜明、醒目的视觉感受，使画面具有较强的视觉表现力。
- 下方图形呈现出运转的动势，增强了画面的动感与活跃感，提升了作品的视觉吸引力。

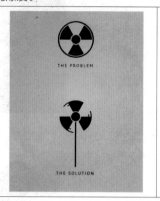

CMYK：9,26,87,0

CMYK：89,87,86,77

推荐色彩搭配：

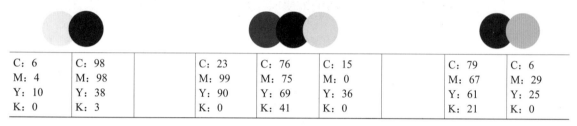

C: 6	C: 98	C: 23	C: 76	C: 15	C: 79	C: 6
M: 4	M: 98	M: 99	M: 75	M: 0	M: 67	M: 29
Y: 10	Y: 38	Y: 90	Y: 69	Y: 36	Y: 61	Y: 25
K: 0	K: 3	K: 0	K: 41	K: 0	K: 21	K: 0

2.4 拟人法

拟人法根据想象将图形拟人化处理，将没有生命的物品，拟人成有生命的样子。拟人法常通过添加可爱的动态、外貌、情节等非常有喜感的元素，阐释创意点。

该作品在主体图形上增添眼睛与嘴巴，通过五官与滑稽可爱的神态赋予了图形生命力，"它"仿佛看见了奇特的景象而露出惊讶的神情，给观者留下无尽的想象空间。

色彩点评：

- 该作品以浅青色作为背景色，色调柔和、清淡，给人以清新、轻快的视觉感受。
- 画面中的主体图形采用柔和的乳白色，与浅青色背景形成一定的对比，增强了画面的层次感，表现出明快、活泼的画面情绪。
- 主体形象的眼睛与嘴巴采用了灰色、绿色与黑色等多种色彩，丰富了图形的色彩，使其更加生动、鲜活、富有生命感，提升了画面的视觉表现力与吸引力。

CMYK：28,6,13,0

CMYK：41,10,85,0

CMYK：15,13,24,0

推荐色彩搭配：

C：14	C：31		C：16	C：33	C：92		C：73	C：22
M：77	M：11		M：14	M：34	M：71		M：37	M：15
Y：79	Y：51		Y：87	Y：3	Y：12		Y：28	Y：21
K：0	K：0		K：0	K：0	K：0		K：0	K：0

该作品将椅子拟人为紧闭的双眼，以铁塔拟人为鼻子。这是典型的"双关图形"的构成方式，达到了图与形两种含义。作品生动形象地体现了人物的五官与神情，具有较强的视觉感染力。

色彩点评：

- 该作品以冷色调的蓝色作为背景色，给人沉静、稳定的感觉。
- 画面中的人物形象采用黑色与米白色进行搭配，使面部的形象更加真实。
- 画面采用红色作为点缀，使画面的氛围更加活跃、明朗，增强了画面的视觉吸引力。

CMYK：78,37,13,0

CMYK：14,10,12,0

CMYK：83,77,73,54

推荐色彩搭配：

C：35	C：42		C：70	C：8	C：18		C：38	C：7
M：8	M：10		M：23	M：8	M：13		M：17	M：36
Y：16	Y：83		Y：100	Y：27	Y：12		Y：27	Y：28
K：0	K：0		K：0	K：0	K：0		K：0	K：0

2.5 比喻法

　　比喻是利用不同事物形象的某些相似之处，用一个图形造型来比喻另一个图形。比喻的创意方式一般由三部分组成，即本体（被比喻的图形形象）、喻体（作比方的图形形象）和比喻词（相似点）。比喻的本体和喻体可以没有直接联系，但是二者在某一点上与图形的造型相同，可以借题发挥，进行比喻。

　　下面作品中的冰淇淋被替换成猫咪的形象，叠趴着的猫咪给人可爱、活泼、富有趣味的感觉，使观者心情放松，因此这种手法作为受众是年轻人的广告就很合适。冰淇淋被替换成了猫咪，是应用了"同构图形"的构成方式。

色彩点评：

- 该作品以深蓝色为背景色，低明度的色彩基调给人平静、稳定的感觉。
- 画面中的主体图形采用乳白色与枯黄色进行设计，形象地刻画出冰淇淋的形状，直观地展现出作品的主题。
- 画面利用线条寥寥几笔刻画出猫咪的形象，吸引观者的兴趣，画面具有较强的视觉吸引力。

CMYK：99,94,54,29

CMYK：4,5,11,0

CMYK：20,37,71,0

推荐色彩搭配：

C：29	C：15		C：8	C：6	C：100		C：31	C：91
M：4	M：95		M：81	M：49	M：96		M：5	M：74
Y：50	Y：89		Y：64	Y：84	Y：2		Y：82	Y：24
K：0	K：0		K：0	K：0	K：0		K：0	K：0

该作品将牙齿替换成为拉链的形状，给人以严格把守秘密的感觉，人们会不由自主地想象到嘴可以"拉上"。

色彩点评：

- 以玫粉色为背景色，色彩浓郁、饱满、鲜艳，给人艳丽、夸张的感觉。
- 画面主体图形采用黑白两色进行搭配，黑色的嘴唇搭配白色的牙齿给人一种神秘、奇异的感觉，让人印象深刻。
- 主体图形位于画面的视觉焦点位置，引导观者的视线向中间集中，突出主体形象，便于读者理解作品的含义与主题。

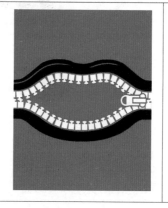

CMYK：14,90,22,0

CMYK：0,0,0,0

CMYK：90,87,87,77

推荐色彩搭配：

C：32	C：7		C：29	C：5	C：100		C：71	C：22
M：54	M：11		M：87	M：10	M：88		M：17	M：4
Y：84	Y：19		Y：25	Y：28	Y：14		Y：7	Y：42
K：0	K：0		K：0	K：0	K：0		K：0	K：0

2.6 联想法

联想是因某一图形形象而想起与之有关图形的思想活动。联想的创意方法是从心理角度出发，在审美对象上看到自己或与自己有关的经验，与创意本身融合为一体，在产生联想的过程中引发美感共鸣。

这是一幅有关情绪表达的图形创意设计作品，通过路障与地面的陷阱来表现缺乏做事的动力与低落的心情，从而引发观者的情感共鸣。

色彩点评：

- 该作品以浅橙色作为主色，低纯度的色彩基调给人舒适、柔和、温馨的感觉。
- 画面中的主体图形采用橙色、黑色、白色进行搭配，既与画面的色调保持一致，同时又使画面的氛围更加活跃、明快。
- 文字采用与图形同样的黑色，形成视觉元素上的呼应，更好地突显了作品的主题与意义。

CMYK：1,14,18,0

CMYK：75,77,78,54

CMYK：13,75,97,0

推荐色彩搭配：

C：41	C：79		C：8	C：18	C：44		C：77	C：3
M：58	M：72		M：16	M：76	M：98		M：90	M：8
Y：65	Y：60		Y：50	Y：99	Y：99		Y：88	Y：23
K：0	K：24		K：0	K：0	K：13		K：72	K：0

画面中的男孩站在陷阱边踟蹰，是否应该跳下去捡球。画面具有一种未知感，作品画面简单，但是直击心灵，让人警惕。该作品是典型的"减缺图形"构成方式。

色彩点评：

- 该作品以墨蓝色为主色，色彩呈冷色调，给人稳定、凝固的感觉。
- 画面采用粉色作为辅助色，与深蓝色搭配在一起达到互补效果，使画面的视觉效果更加鲜明、独特。
- 各个图形色彩纯度较高，浓郁的色彩给人以强烈的视觉冲击力。

CMYK：84,82,45,9

CMYK：4,4,4,0

CMYK：10,66,38,0

推荐色彩搭配：

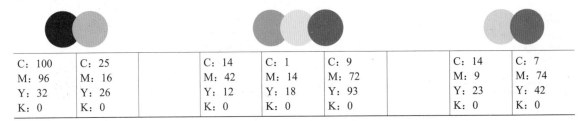

C：100	C：25		C：14	C：1	C：9		C：14	C：7
M：96	M：16		M：42	M：14	M：72		M：9	M：74
Y：32	Y：26		Y：12	Y：18	Y：93		Y：23	Y：42
K：0	K：0		K：0	K：0	K：0		K：0	K：0

2.7 幽默法

　　幽默法是将创意点通过风趣、搞笑的方式展现出来，从而引人发笑，并且引发思考。采用幽默创意法，需要细致入微地观察生活，通过人们的性恪、外貌和举止的某些可笑的特征表现某一情景。

　　画面中的主人公正在进行清洁工作，地面的抓痕与扬起的毛发说明猫咪即将被吸尘器吸走。该作品通过滑稽、有趣的场景让观者不禁想象到将要发生的事情。

色彩点评：

- 该作品以黑色与橘粉色为背景色，色彩饱满，形成温馨、舒适、安宁的居家氛围。
- 画面中的人物身着绿色服装，清爽的绿色为画面增添了鲜活、明快的气息。
- 画面出现大面积的柔和、恬静的橘粉色，使观者的心情放松，具有较强的视觉吸引力与感染力。

CMYK：18,55,45,0

CMYK：5,31,19,0

CMYK：53,30,58,0

CMYK：30,84,81,0

CMYK：86,77,64,39

推荐色彩搭配：

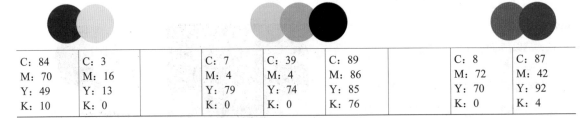

C：84	C：3		C：7	C：39	C：89		C：8	C：87
M：70	M：16		M：4	M：4	M：86		M：72	M：42
Y：49	Y：13		Y：79	Y：74	Y：85		Y：70	Y：92
K：10	K：0		K：0	K：0	K：76		K：0	K：4

　　下面画面中的猫咪小心翼翼地走到咖啡杯的旁边，在品尝杯中的咖啡后出现了炸毛的情况，说明咖啡非常刺激，使猫咪受到了惊吓。猫咪滑稽、可爱的神情，使画面具有较强的视觉吸引力，让人印象深刻。作品采用"渐变图形"的构成方式，层层递进展开画面情节。

色彩点评：

- 该作品以沙色为背景色，低纯度的色彩基调给人温馨、舒适的感觉。
- 画面中的猫咪采用黑色，在低纯度的背景上具有较强的视觉冲击力，将观者的视线吸引到猫咪身上来。
- 咖啡杯采用冷色调的蓝色，为暖色调的画面增添了一抹亮色，丰富了画面色彩，增强了画面的视觉吸引力。

CMYK：11,11,29,0

CMYK：76,85,91,71

CMYK：71,8,38,0

推荐色彩搭配：

| C：0
M：78
Y：49
K：0 | C：3
M：16
Y：13
K：0 | | C：40
M：4
Y：11
K：0 | C：58
M：62
Y：67
K：9 | C：13
M：95
Y：94
K：0 | | C：23
M：0
Y：9
K：0 | C：63
M：34
Y：75
K：0 |

2.8 情感运用法

情感运用法是更能引起观者共鸣的一种心理感受，以简单的图形刻画出带有美好感情的创意。真实而生动地反映感情就能发挥艺术感染人的力量。情感运用法常以亲情、爱情、友情、回忆、怀旧作为创意点，迅速抓住人心。

这是一幅母亲节主题的图形创意设计作品，画面中孩子举起手中的鲜花向母亲表达爱意，母亲轻轻地抚摸着孩子的头发。画面展现出母女之间的深厚情感，具有较强的视觉感染力与表现力。

色彩点评：

- 该作品以粉色为背景色，纯真、甜美的粉色展现出美好的亲情，给人深刻的印象。
- 画面主体图形采用白色、橙色、玫红色与红色等多种颜色进行设计，增强了图形的视觉吸引力的同时保持了画面色调的一致，给人和谐、美好的感觉。
- 玫粉色的文字与背景形成明度对比，引起观者的注意，直观清晰地展现了作品主题。

CMYK：5,47,16,0

CMYK：0,0,0,0

CMYK：10,85,44,0

CMYK：8,72,70,0

CMYK：27,99,100,0

推荐色彩搭配：

C：19 M：43 Y：35 K：0	C：63 M：34 Y：75 K：0		C：4 M：38 Y：12 K：0	C：12 M：87 Y：40 K：0	C：2 M：36 Y：25 K：0		C：52 M：25 Y：19 K：0	C：18 M：92 Y：59 K：0

　　这是一幅爱情主题的作品，用心形图形表现亲吻的嘴唇。从整体来看两颗爱心形成一个嘴唇的造型，通过图形的组合展现不分你我的爱情，给人甜蜜、浪漫的深刻印象。红色嘴唇应用了"双关图形"的构成方式。极简的脸部线条，突出了嘴部的特写。

色彩点评：

- 该作品采用大面积"留白"处理，纯净而简单，更具想象空间。
- 爱心图形采用高纯度的红色，将观者的视线集中到人物的嘴部，使画面具有强烈的视觉冲击力。
- 画面使用黑色线条勾勒出人物轮廓，整体画面简洁、干净，给人以舒适、愉悦的视觉感受。

CMYK：14,98,100,0

CMYK：0,0,0,0

CMYK：89,85,84,75

推荐色彩搭配：

C：15 M：50 Y：39 K：0	C：3 M：16 Y：13 K：0		C：39 M：13 Y：32 K：0	C：75 M：61 Y：95 K：32	C：8 M：6 Y：46 K：0		C：39 M：4 Y：74 K：0	C：90 M：60 Y：94 K：40

2.9 悬念安排法

　　故弄玄虚是悬念安排法的特点，通过图形形态结构的变化与色彩的使用使画面呈现出紧张、不安的视觉效果。这种方式更能激发观者的想象。

　　下面画面中主人公张开的双臂的投影是舒展的羽翼，暗示了电影中天马行空的故事情节，画面具有强烈的视觉张力与表现力，给观者留下更多的想象空间。同时人和影子也构成了"异影图形"的构成方式。

色彩点评：

- 该作品以暗红色为主色调，画面四周的暗角效果为作品增添了紧张、神秘的气息。
- 画面中的人物形象以白色为背景，与周围的黑暗空间形成明度的强烈对比，将观者视线引导至人物的位置，以此突出投影部分的内容。
- 画面右侧的建筑采用深红色与黑色，形成光影变化，表现出空间的透视感，加深了画面的压抑感，给人不安、深沉的感觉。

CMYK：24,91,63,0

CMYK：1,2,7,0

CMYK：79,87,89,73

推荐色彩搭配：

C：46 M：4 Y：34 K：0	C：69 M：61 Y：58 K：9		C：8 M：72 Y：69 K：0	C：89 M：57 Y：91 K：31	C：6 M：18 Y：24 K：0		C：52 M：87 Y：72 K：19	C：13 M：75 Y：97 K：0

　　画面中凌乱摆放的桌椅与其形成的阴影刻画出一幅静谧、凝固的场景，画面右上角的人影与追逐人物的小狗为画面增添了动感与神秘感，激发了观者对后续情景的想象。

色彩点评：

- 该作品以橘粉色为背景色，同时利用深色的线条表现地板的造型，平行的线条使画面充满韵律感，给人以和谐、舒适的视觉感受。
- 画面中的桌椅等图形采用黄色、黑色与白色等颜色进行设计，丰富了画面的色彩，增强了作品的视觉表现力。
- 画面整体呈暖色调，图形阴影采用高纯度的深蓝色，为画面增添了清凉的气息，使画面形成冷暖色彩的均衡，更易吸引观者视线。

CMYK：7,45,36,0

CMYK：89,73,14,0

CMYK：0,0,0,0

CMYK：15,18,85,0

推荐色彩搭配：

C：1 M：2 Y：7 K：0	C：22 M：96 Y：65 K：0		C：63 M：7 Y：16 K：0	C：13 M：5 Y：11 K：0	C：88 M：65 Y：100 K：52		C：14 M：12 Y：53 K：0	C：63 M：54 Y：37 K：0

2.10 反常法

反常法是指不循规蹈矩，可以违背常理，也可反向思维，将图形的形态结构分散重组，形成新的图形造型。例如绿色的树叶是正常的，那么将它制作成黑色的，这样它传递给人的感觉就会发生改变。这种反常的表现通常会在瞬间吸引人的注意，并引发思考。

画面中的孔雀尾端被置换成喇叭，两者巧妙地融合在一起，是"同构图形"的构成方式。主体图形既可以看作是喝水的孔雀，也可以看作是造型别致的留声机。这种有趣、可爱的卡通图形具有较强的趣味性，可以给观者留下深刻的印象。

色彩点评：

- 该作品以黑色为背景色，低明度的色彩使主体图形更加突出、鲜明，更直观地表达了作品内容。
- 主体图形采用深绿色与橙红色进行设计，红色具有较强的视觉冲击力，搭配绿色使画面更具视觉刺激感，给观者留下深刻印象。
- 图形使用白色作为点缀色，减弱了高纯度颜色的刺激感，给人以舒适、和谐的视觉感受。

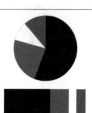

CMYK：88,72,98,65
CMYK：9,87,95,0
CMYK：0,0,0,0
CMYK：84,41,62,1

推荐色彩搭配：

C: 98	C: 6		C: 27	C: 79	C: 75		C: 37	C: 79
M: 96	M: 11		M: 99	M: 87	M: 64		M: 92	M: 87
Y: 49	Y: 22		Y: 100	Y: 89	Y: 88		Y: 64	Y: 89
K: 21	K: 0		K: 0	K: 73	K: 38		K: 1	K: 73

画面中的小鹿嘴里衔着骨头，而在自然界中鹿是食草动物，作品以鹿吃骨头这样反常的画面进行设计，很容易引发观者的深思。

色彩点评：

- 该作品以橙色为背景色，高纯度的橙色给人热情、活跃、欢快的感觉。
- 画面中小鹿的形象采用棕色与黄色进行设计，使其形象更加真实，给人可爱、生动的印象。
- 小鹿衔在嘴里的骨头采用白色，白色是明度最高的色彩，将观者的视线集中到骨头上来，引发观者对作品的思考。

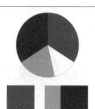

CMYK：16,82,91,0
CMYK：0,0,0,0
CMYK：10,34,68,0
CMYK：53,73,95,22

推荐色彩搭配：

C: 20	C: 56		C: 12	C: 63	C: 46		C: 20	C: 19
M: 99	M: 14		M: 35	M: 50	M: 4		M: 16	M: 97
Y: 99	Y: 14		Y: 93	Y: 52	Y: 34		Y: 15	Y: 92
K: 0	K: 0		K: 0	K: 0	K: 0		K: 0	K: 0

2.11 3B 运用法

　　3B是Beauty、Baby、Beast的简写，这种创意方法通常是把漂亮的女人、孩子、动物等形象应用在作品中，通过人们的审美心理和情感提升画面的注目率，并增加作品的趣味性。

　　该作品的主体图形是一只绵羊的形象，在图形上添加五官，通过拟人化的处理为图形注入了生命力，给人可爱、富有风趣的感觉。

色彩点评：

- 该作品以青绿色为背景色，色彩清爽、欢快，给人愉悦、舒适、清新的感觉。
- 画面中的主体图形采用白色与黑色进行搭配，使绵羊的形象更加生动、真实，同时黑白的鲜明对比增强了图形的视觉冲击力。
- 图形采用粉色作为点缀色，丰富了画面的色彩，使图形的形象更加可爱。

CMYK：76,18,50,0
CMYK：0,7,9,0
CMYK：88,86,86,76
CMYK：19,87,34,0

推荐色彩搭配：

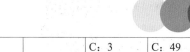
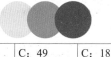

C: 5	C: 9		C: 3	C: 49	C: 18		C: 17	C: 82
M: 44	M: 73		M: 14	M: 22	M: 92		M: 14	M: 78
Y: 15	Y: 48		Y: 26	Y: 18	Y: 62		Y: 27	Y: 79
K: 0	K: 0		K: 0	K: 0	K: 0		K: 0	K: 62

　　画面通过美女形象吸引观者的注意力，艳丽的红唇与火红的指甲使画面充满诱惑感，同时也使画面具有较强的视觉张力。

色彩点评：

- 该作品大量使用黑色与白色，通过黑白两色的搭配形成光影的变化，形成神秘、奇异的画面气氛，加深观者的印象。
- 画面中的人物形象采用白色、蓝色与红色进行刻画，红色与蓝色之间鲜明的冷暖对比增强了图形的视觉冲击力。
- 画面中出现两对对比色搭配，使画面呈现出互补的效果，同时也使画面的表达更加强烈、鲜明。

CMYK：92,90,78,72
CMYK：20,99,99,0
CMYK：0,0,0,0
CMYK：97,95,47,15

推荐色彩搭配：

C: 14	C: 8		C: 22	C: 68	C: 49		C: 19	C: 10
M: 27	M: 71		M: 20	M: 2	M: 72		M: 81	M: 9
Y: 84	Y: 45		Y: 25	Y: 46	Y: 100		Y: 98	Y: 23
K: 0	K: 0		K: 0	K: 0	K: 13		K: 0	K: 0

2.12 神奇迷幻法

神奇迷幻法是将图形与虚构的场景相结合，营造出画面的梦幻气氛。这种创意方法需要色调和谐统一，画面才能充满想象力与美感。

画面中不同颜色的几何图形有序组合排列，形成帆船在夜晚的海洋上行驶的造型，画面具有较强的视觉吸引力，给人轻快、梦幻的感觉。

色彩点评：

- 该作品以深蓝色为背景色，低明度的色彩基调展现出夜晚的场景，给人安静、神秘的感觉。
- 画面中的主体图形采用蓝色、粉色、黄色、裸粉色等多种颜色进行设计，绚丽的色彩使画面更具视觉冲击力，给观者留下深刻的印象。
- 画面整体色调呈深蓝色，表现出静谧、唯美的夜间风景，画面充满想象力与吸引力。

CMYK：73,18,9,0

CMYK：98,96,56,35

CMYK：15,87,49,0

CMYK：56,82,8,0

CMYK：6,55,24,0

CMYK：9,9,49,0

推荐色彩搭配：

C: 38	C: 7		C: 74	C: 39	C: 45		C: 62	C: 13
M: 47	M: 49		M: 68	M: 12	M: 38		M: 79	M: 21
Y: 50	Y: 47		Y: 65	Y: 31	Y: 35		Y: 66	Y: 32
K: 0	K: 0		K: 24	K: 0	K: 0		K: 26	K: 0

下面画面中鸟儿停驻在树枝上，形成一种静谧的氛围，给人自然、平静、安宁的感觉。鸟儿与植物等图形组合成一个心形的造型，增强了画面的视觉吸引力。

色彩点评：

- 该作品以米白色作为背景色，低纯度的色彩基调给人以柔和、温馨、细腻的视觉感受。

- 画面中的主体形象采用玫红色与黑色进行设计，玫红色热情、娇艳，给人活泼、亮丽的感觉。

- 图形采用高纯度的色彩进行设计，在浅色背景的衬托下更加清晰、醒目，使观者的视线集中到中央的图形上。

CMYK：14,82,45,0

CMYK：2,5,12,0

CMYK：31,96,89,0

CMYK：90,87,87,77

CMYK：12,78,77,0

推荐色彩搭配：

C：29	C：90		C：13	C：83	C：6		C：11	C：8
M：6	M：87		M：8	M：47	M：70		M：71	M：6
Y：14	Y：87		Y：19	Y：38	Y：80		Y：55	Y：31
K：0	K：77		K：0	K：0	K：0		K：0	K：0

2.13 连续系列法

连续系列法是通过连续的图形，形成一个完整的图形形象，使观者仿佛观看视频一样形成一个完整的视觉印象。

这是一幅宣传创意广告理念的图形设计作品，画面中的图形由上至下不断变化，牙齿数量的不断增加，演示了创意理念的不断成熟。图形采用"渐变图形"的构图方式。

色彩点评：

- 该作品以黄色作为主色调，饱满、明艳的黄色给人温暖、明朗的感觉。

- 深紫色与黄色形成强烈的对比效果，增强了画面的视觉冲击力，将观者的视线集中到图形上来。

- 白色几何图形的不断增加，使图形构成了一个完整的视觉形象，增强了作品的可视性。

CMYK：18,38,84,0

CMYK：11,8,9,0

CMYK：67,91,54,19

推荐色彩搭配：

C: 20	C: 9		C: 44	C: 46	C: 0		C: 44	C: 24
M: 16	M: 32		M: 51	M: 6	M: 70		M: 6	M: 17
Y: 15	Y: 84		Y: 51	Y: 98	Y: 46		Y: 24	Y: 31
K: 0	K: 0		K: 0	K: 0	K: 0		K: 0	K: 0

　　这是一幅展示工业发展进程的图形创意设计作品，画面中的发电站由燃料发电发展为蒸汽动力，继而变成风力发电，说明了工业化发展的不断进步，体现了科技的进步创新，作品具有较强的视觉表现力。图形通过"渐变图形"的构图方式，逐步递进出对比变化。

色彩点评：

- 该作品以浅橙色为背景色，画面整体色调较为低沉，使观者感受到历史的沉淀感与年代感，给人复古、悠久的感觉。
- 画面整体呈暖色调，大面积的暖色给人温暖、希望的感觉。
- 画面左侧的大片黑色烟雾与小面积的绿地的对比，表现出工业发展对环境的污染与破坏，说明了发展的弊端。该作品内涵丰富，引人深思。

CMYK：6,29,28,0

CMYK：3,6,14,0

CMYK：70,81,69,43

CMYK：77,50,75,8

推荐色彩搭配：

C: 6	C: 9		C: 18	C: 18	C: 18		C: 95	C: 17
M: 9	M: 30		M: 11	M: 90	M: 45		M: 82	M: 0
Y: 33	Y: 84		Y: 23	Y: 84	Y: 36		Y: 49	Y: 9
K: 0	K: 0		K: 0	K: 0	K: 0		K: 15	K: 0

第 3 章

图形的构成方式

　　图形构成通过合理的想象对图形进行重新加工，对相关图形加以分解、重构，建立一个新的形象，为画面增添了创意性与趣味性，提升了画面的可视性，并且凸显了作品内涵。

3.1 正负图形

正负图形是由正形与负形结合而成的，即形体本身与其周围的"空白"空间相互借用形成图与底的联系。"图"与"底"之间形成均衡与对抗的形态，给人带来两种不同的感觉。正负图形具有较强的差异性与冲击感。

该作品的"正形"形象是一个被吃掉的苹果，苹果的"负形"形象是男性与女性的侧脸，两人的侧脸与苹果的造型共用其轮廓线，表现出两人之间的亲密关系，具有较强的视觉冲击力与艺术性。

色彩点评：

- 该作品以深蓝色为背景色，低明度的色彩基调给人广阔、冷寂、梦幻的感觉。
- 图形正形的苹果形象采用白色与粉色两种色彩进行设计，在深色背景的衬托下更加醒目、明亮。
- 白色搭配粉色给人温柔、纯净的感觉，使画面更显亲切、柔和，给人舒适的视觉感受。

CMYK：100,90,57,33

CMYK：0,0,0,0

CMYK：23,56,24,0

推荐色彩搭配：

C：88 M：76 Y：9 K：0	C：4 M：6 Y：20 K：0	C：86 M：83 Y：82 K：71		C：10 M：62 Y：86 K：0	C：90 M：87 Y：87 K：77		C：18 M：94 Y：78 K：0	C：11 M：18 Y：87 K：0	C：0 M：0 Y：0 K：0

该作品巧妙地利用画面的留白，在视觉上形成猫咪的"负形"形象，与图形"正形"的狗的形象相融合，形成一幅和谐、亲密、友好相处的画面。

色彩点评：

- 作为图形正形的狗采用黑色，与猫咪体型大小对比明显，呈现出安全、可靠的视觉效果。
- 画面以卡其色为背景色，色彩的明度与纯度适中，给人自然、亲切、舒适的视觉感受。

CMYK：87,85,87,75

CMYK：26,29,33,0

推荐色彩搭配：

C: 9	C: 18	C: 74		C: 4	C: 22		C: 36	C: 13	C: 91
M: 79	M: 10	M: 83		M: 25	M: 8		M: 37	M: 97	M: 63
Y: 43	Y: 9	Y: 44		Y: 8	Y: 3		Y: 3	Y: 77	Y: 54
K: 0	K: 0	K: 6		K: 0	K: 0		K: 0	K: 0	K: 10

3.2 双关图形

　　双关图形是指一个图形在不同的时间从不同的角度可解读为两种含义，起到"一语双关"的作用。一个图形隐藏着表层含义与深层含义，图形的深层含义往往是图形的真正意义所在。双关图形为观者带来奇妙、惊异的视觉感受，充分展现出图形的魅力与内涵。

　　画面中的图形根据观看角度的不同存在两种解读结果，一方面根据图形色彩的不同可解读为手与椰树的组合造型，而从整体来看，手、椰树与白色图形组成卡通鹦鹉的形象，展现出人与自然和谐相处才能为动物带来良好生存环境的主题。

色彩点评：

- 该作品以黄色作为背景色，高纯度的黄色具有较强的视觉刺激性，利用浓郁、饱满的黄色表现出热情、活泼的情绪。

- 图形采用粉色、深蓝色与白色完成造型结构，丰富的色彩呈现出鲜活、明亮的视觉效果。

- 根据图形不同结构之间的色彩对比，可以更容易地对图形结构进行拆分，进而理解图形的意义与内涵。

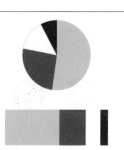

CMYK：13,6,84,0

CMYK：20,98,51,0

CMYK：0,0,0,0

CMYK：100,98,43,9

推荐色彩搭配：

C: 10	C: 58	C: 90		C: 16	C: 91		C: 11	C: 51	C: 13
M: 22	M: 21	M: 87		M: 12	M: 98		M: 96	M: 0	M: 4
Y: 85	Y: 36	Y: 87		Y: 11	Y: 19		Y: 75	Y: 13	Y: 67
K: 0	K: 0	K: 77		K: 0	K: 0		K: 0	K: 0	K: 0

　　当观者视线集中在画面左侧时，看到的是人的侧脸的造型，而当观者的视线转向右侧时，看到的又是海豚的形象。该作品给人妙趣横生的感觉，图形具有较强的视觉吸引力。

色彩点评：

- 该作品以靛蓝色为背景色，整体画面色彩明度较低，刻画出复古、悠远的画面气氛，给人经典、怀旧的感觉。
- 图形采用高纯度的黑色，与背景形成鲜明的对比，突出图形的主体地位，给人留下深刻的印象。
- 图形采用白色作为点缀色，丰富了造型细节，使其更加生动、富有风趣；同时提升了画面的明度，增强了画面的视觉吸引力。

CMYK：88,61,16,0

CMYK：1,1,0,0

CMYK：91,85,84,75

推荐色彩搭配：

C：74	C：81	C：13		C：2	C：67		C：82	C：33	C：19
M：14	M：85	M：3		M：10	M：62		M：77	M：99	M：16
Y：21	Y：60	Y：4		Y：9	Y：37		Y：75	Y：100	Y：13
K：0	K：37	K：0		K：0	K：0		K：56	K：1	K：0

3.3 异影图形

　　异影图形通过主观的联想对阴影进行设计，阴影与实体之间既可以具有一定的内在联系，也可以形成强烈的冲突，赋予影子自主的生命力。阴影往往反映出表象背后的真实内涵，异影图形会给人带来更多的视觉冲击、想象、反思。

　　这是一幅歌剧的宣传海报，画面中年轻的女儿搀扶着年迈的母亲，投射在墙上的影子则是女人牵着年幼的少女，暗示要以照顾孩子的耐心来对待母亲，传达了歌剧关爱母亲的主题。

色彩点评：

- 该平面作品以橘红、深青两色为背景色，画面色彩浓郁、饱满，给人复古、充满情怀的感觉，具有较强的视觉感染力。
- 画面中的主体人物采用与背景色调一致的橘红色与深青色，保持了画面视觉元素的和谐、统一，增强了画面的美感。
- 黑白两色文字的加入既减少了浓郁色彩的视觉刺激性，又有效传递了作品的主题与内容。

CMYK：22,77,85,0

CMYK：4,2,5,0

CMYK：64,24,37,0

CMYK：57,79,100,36

推荐色彩搭配：

C：68 M：37 Y：41 K：0	C：14 M：12 Y：27 K：0	C：88 M：75 Y：71 K：50	C：8 M：15 Y：38 K：0	C：57 M：48 Y：45 K：0	C：29 M：16 Y：15 K：0	C：40 M：99 Y：91 K：6	C：2 M：9 Y：10 K：0

　　画面中酒瓶与酒杯的投影是高耸的建筑，给人强大、宏伟的感觉，表达出对未来的憧憬，渴望功成名就，获得成功。

色彩点评：

- 该作品采用低明度的深青色为背景色，给人深沉、悠远、沉静的感觉。
- 画面中的酒杯与酒瓶以红色和浅黄色为主色，表现出活跃、积极的画面情绪。
- 黑色的建筑剪影与深青色背景形成鲜明的对比，具有较强的视觉吸引力，更好地表达了作品的深层含义。

CMYK：72,12,27,0

CMYK：10,4,49,0

CMYK：24,96,91,0

CMYK：90,87,86,77

推荐色彩搭配：

C：11 M：96 Y：54 K：0	C：0 M：30 Y：15 K：0	C：9 M：87 Y：89 K：0	C：17 M：3 Y：12 K：0	C：79 M：67 Y：61 K：21	C：86 M：65 Y：55 K：13	C：6 M：9 Y：15 K：0	C：81 M：82 Y：44 K：7

3.4 减缺图形

　　减缺图形是指将图形尽量简化，即使残缺也能想象出完整的图形轮廓。图形在损坏、不完整的状态下仍旧保留了部分基本特征，使观者可以根据经验与记忆将图形补充完整。减缺图形能给人以更多的想象空间，突出强化画面主题。

　　下面画面中的图形由流淌着雨滴的云朵与一个大写的字母"V"组成，两者之间的空白三角区域赋予观者更多的想象空间。三角空白与云朵组合在一起组成冰淇淋的图形，造型生动有趣，具有较强的视觉吸引力。

色彩点评：

- 该作品以灰色为背景色，低纯度的色彩基调给人以柔和、舒适的视觉感受。
- 图形采用纯度较高的黑色进行设计，在背景的衬托下更加突出，给人留下深刻的印象。

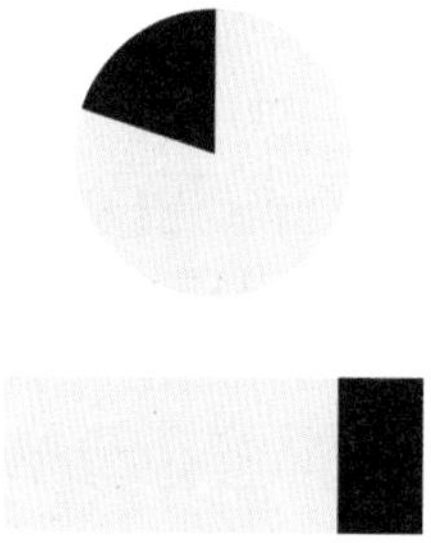

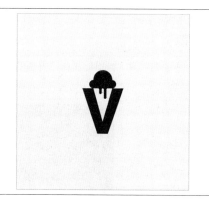

CMYK：6,5,6,0

CMYK：80,74,72,48

推荐色彩搭配：

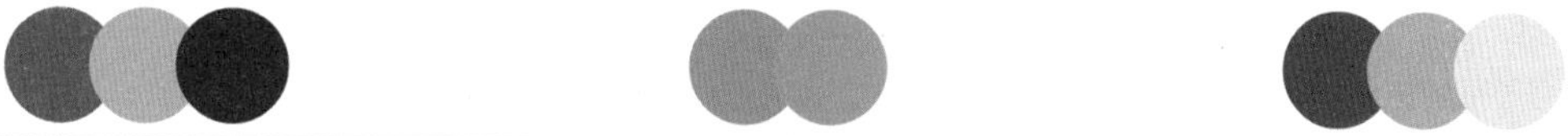

C：76	C：10	C：91		C：44	C：6		C：30	C：34	C：11
M：26	M：24	M：74		M：27	M：34		M：79	M：14	M：9
Y：54	Y：65	Y：34		Y：13	Y：87		Y：80	Y：22	Y：3
K：0	K：0	K：1		K：0	K：0		K：0	K：0	K：0

该作品利用背景的“空白”空间完善女孩的造型，观者通过背景的留白，根据视觉经验将女孩衣服部分的图形补充完整。图形给人有趣、活泼的印象，吸引观者注意并购买产品。

色彩点评：

- 作品采用与品牌Logo的色彩一致的深红色作为背景色，高纯度的色彩具有较强的视觉刺激性，使作品达到了有效宣传的目的。
- 白色图形与深红色背景之间形成均衡的视觉效果，冷静的白色减弱了红色的热感，使画面情绪更加稳定、均衡，给人利落、简约的感觉。

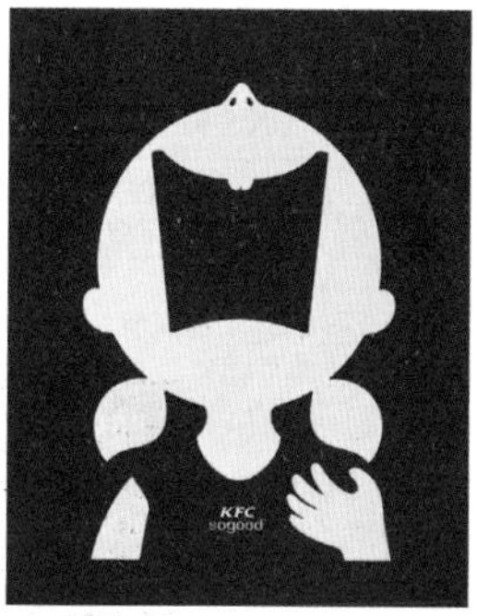

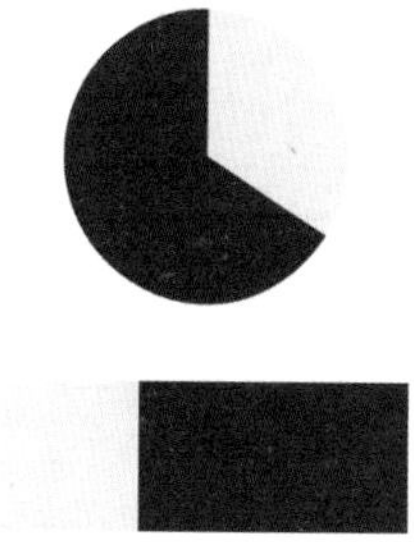

CMYK：6,5,5,0

CMYK：46,99,99,18

推荐色彩搭配：

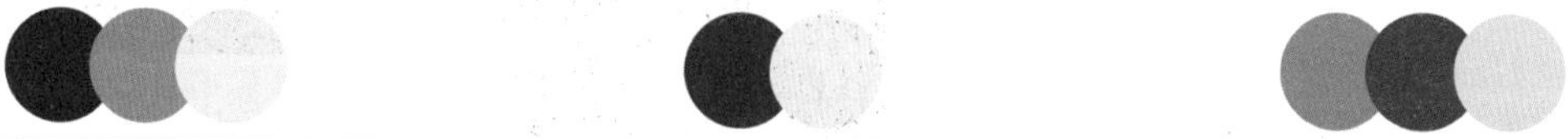

C：67	C：44	C：15		C：83	C：6		C：37	C：16	C：17
M：89	M：27	M：1		M：54	M：4		M：37	M：96	M：4
Y：9	Y：13	Y：3		Y：60	Y：5		Y：4	Y：52	Y：12
K：0	K：0	K：0		K：8	K：0		K：0	K：0	K：0

3.5 混维图形

混维图形是将不同维度的图形进行混合，从而产生奇妙的效果，通常是将二维图形与三维图形混合，使平面维度与立体空间组构形成奇异的超现实空间。混维图形能给人一种视觉跳跃感，使人一会儿感觉是二维，一会儿又感觉是三维。

　　该作品中的主体图形既可以理解为泳池的形象，也可以看作是书籍的造型，画面中的人物跳入水中游泳的动作，从深层次角度可以理解为徜徉于书籍的海洋之中。图形蕴含着深远的意义与内涵，给人留下深刻独特的印象。

色彩点评：

- 该作品采用冷色调的深蓝色为背景色，画面整体情绪较为低沉、冷静，给人理性、沉稳的视觉感受。
- 图形采用明度较高的蓝色与白色进行搭配，与深蓝色背景形成明度与色相上的对比，使图形更加醒目。
- 书籍图形采用白色与蓝色的搭配给人沉静、理智的感觉，说明学习应持有冷静、理智、客观的态度，加强了作品的教育意义。

CMYK：92,96,20,0

CMYK：78,36,10,0

CMYK：1,2,3,0

推荐色彩搭配：

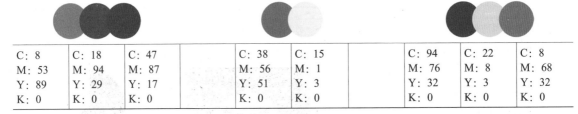

C: 8	C: 18	C: 47		C: 38	C: 15		C: 94	C: 22	C: 8
M: 53	M: 94	M: 87		M: 56	M: 1		M: 76	M: 8	M: 68
Y: 89	Y: 29	Y: 17		Y: 51	Y: 3		Y: 32	Y: 3	Y: 32
K: 0	K: 0	K: 0		K: 0	K: 0		K: 0	K: 0	K: 0

　　画面中是一个音符的平面图形，而图形右侧的白色圆点可以看作是门的把手，将视角转换后音符图形就变成了打开的门内透出的光。图形在二维与三维空间之间转换，给人奇异、独特的深刻印象。

色彩点评：

- 该作品以黑色作为主色，借助黑色背景完成立体图形的形态结构，形成黑暗、寂静的画面空间，给人压抑、严肃的感觉。
- 图形采用橙黄色，在背景的衬托下更加明朗、鲜活，在立体图形中代表着推开黑暗的光，说明音乐带来了希望与光明。

DON DELILLO
GREAT JONES STREET

CMYK：89,87,86,77

CMYK：1,1,2,0

CMYK：16,53,89,0

推荐色彩搭配：

C: 9	C: 8	C: 21		C: 33	C: 40		C: 69	C: 34	C: 11
M: 84	M: 15	M: 3		M: 13	M: 5		M: 9	M: 8	M: 82
Y: 81	Y: 38	Y: 7		Y: 25	Y: 97		Y: 12	Y: 22	Y: 42
K: 0	K: 0	K: 0		K: 0	K: 0		K: 0	K: 0	K: 0

3.6 共生图形

共生图形是由不可分割的两个或多个图形构成，图形之间共用一部分图形或轮廓线，紧密联系、相互依存，一部分的图形可以融入到另一部分的图形结构中，整合成一个不可分割的统一体。

该作品中人物的头顶部分与风景的地面部分共用中间的图形，两部分图形共用对方图形的部分结构；二者相互借用，形成生动、富有风趣的视觉造型。

色彩点评：

- 该作品以淡黄色为主色调，暖色调的色彩基调给人舒适、自然、温暖的感觉。

- 图形以靛蓝色为主色，与背景形成冷暖色调的对比，增强了画面的视觉吸引力与活跃性。

- 砖红色与黑色作为图形的点缀色，使画面色彩更加丰富，调和了画面的情绪，营造出放松、怡然、轻快的氛围。

CMYK：6,10,36,0

CMYK：87,68,36,1

CMYK：47,98,98,20

推荐色彩搭配：

C: 90	C: 20	C: 0		C: 67	C: 16		C: 13	C: 74	C: 17
M: 87	M: 72	M: 0		M: 86	M: 50		M: 4	M: 13	M: 90
Y: 87	Y: 15	Y: 0		Y: 92	Y: 89		Y: 67	Y: 29	Y: 81
K: 77	K: 0	K: 0		K: 61	K: 0		K: 0	K: 0	K: 0

伸懒腰的猫咪与女人的鞋子重合，猫咪的躯干与人物的鞋子共用了足弓部分的图形，憨态可掬的猫咪增强了画面的视觉表现力与吸引力。

色彩点评：

- 该作品以裸粉色为主色，色彩的视觉刺激性较小，给人亲切、柔和、可爱的视觉感受。

- 黑色的猫咪形象与背景纯度对比明显，具有较强的视觉吸引力。

- 人物腿部的红色伤口暗示着被猫咪抓伤，使画面更加活泼，富有趣味。

CMYK：89,89,67,54

CMYK：8,47,34,0

CMYK：6,29,25,0

推荐色彩搭配：

C：6	C：4	C：36		C：100	C：2		C：17	C：89	C：31
M：58	M：43	M：53		M：88	M：32		M：36	M：89	M：0
Y：50	Y：26	Y：64		Y：45	Y：10		Y：54	Y：67	Y：9
K：0	K：0	K：0		K：10	K：0		K：0	K：54	K：0

3.7 悖论图形

悖论图形是指违背常理的图形，利用人的视觉错觉与错误的透视技巧形成画面的矛盾空间组合，创造出仅存在于二维空间中的矛盾空间图形。悖论图形常被用在电影中用来表达梦境、多维度空间的状态等。

该作品中从画面左侧延伸出的平台向背景天空弯折多次后与画面右侧区域的平台衔接，图形利用错误的透视手法将三维空间与平面维度混淆，形成矛盾空间，构成诙谐、矛盾、有趣的图形造型。

色彩点评：

- 画面中的背景以白色与蓝色进行搭配，营造出天空的景象，与前景的土黄色图形形成空间的纵深感，加深了三维空间的立体性，给人悠远、广阔的感觉。
- 图形采用土黄色与深褐色形成空间维度的立体感，土黄色接近地面的颜色，营造出地面位于天空之上的虚幻感，给人荒诞、奇异的感觉。

CMYK：37,42,84,0

CMYK：4,3,3,0

CMYK：59,28,5,0

推荐色彩搭配：

C：10	C：90	C：86		C：69	C：10		C：6	C：57	C：7
M：87	M：87	M：58		M：8	M：9		M：34	M：6	M：60
Y：96	Y：85	Y：7		Y：18	Y：5		Y：87	Y：16	Y：53
K：0	K：77	K：0		K：0	K：0		K：0	K：0	K：0

下面的图形由三个大写的字母"I"组成，以仰视角度观看图形缺少的结构，在右视图的角度下则是完整的。图形利用错误的透视手法形成二维与三维空间的矛盾，构成矛盾图形，给人奇异、荒诞的感觉。

色彩点评：

- 图形的线条采用白色进行设计，给人利落、简约的感觉。
- 画面以黑色为背景色，图形与背景对比分明，增强了图形的视觉吸引力。

CMYK：86,82,80,69

CMYK：0,0,0,0

推荐色彩搭配：

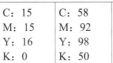

C：83	C：58	C：13		C：15	C：58		C：92	C：1	C：90
M：54	M：62	M：95		M：15	M：92		M：71	M：4	M：87
Y：60	Y：67	Y：94		Y：16	Y：98		Y：35	Y：1	Y：86
K：8	K：9	K：0		K：0	K：50		K：1	K：0	K：77

3.8 聚集图形

聚集图形通常是由单一或相似的元素按照一定的方向与规则重复整合形成的，具有较强的视觉冲击力、导向性与集中性，极易产生视觉聚集感。

该作品中动物的造型由无数大小、形状不同的树叶有序排列而成，图形具有较强的视觉吸引力，传递了自然界中动物与植物和谐共存的理念。

色彩点评：

- 画面以白色为背景色，给人以纯净、简单的视觉感受。
- 图形采用明度较低的蓝色进行设计，在白色背景的映衬下更加醒目、清晰，给人稳定、沉静的感觉。

CMYK：0,0,0,0

CMYK：85,80,49,14

推荐色彩搭配：

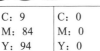

C：94	C：9	C：0		C：15	C：72		C：18	C：50	C：34
M：95	M：84	M：0		M：39	M：92		M：21	M：7	M：14
Y：61	Y：94	Y：0		Y：55	Y：90		Y：54	Y：98	Y：22
K：46	K：0	K：0		K：0	K：69		K：0	K：0	K：0

该作品中颜色、形状、大小各异的箱包组合成一个较大的箱包图形，图形位于画面的视觉焦点位置，具有较强的视觉吸引力；结合文字可起到较好的宣传与传播作用。

色彩点评：

- 该作品以藏青色为背景色，低明度的色彩基调给人沉稳、安全、值得信赖的印象。
- 图形采用绿色、浅青色、橙色、粉色、浅黄色等多种色彩进行设计，既丰富了画面的色彩，同时说明箱包可以有多种选择。

CMYK：97,82,59,34

CMYK：39,5,17,0

CMYK：13,74,91,0

CMYK：53,10,77,0

推荐色彩搭配：

C：51	C：8	C：3		C：31	C：28		C：37	C：9	C：29
M：23	M：31	M：0		M：3	M：14		M：91	M：5	M：16
Y：9	Y：90	Y：2		Y：15	Y：30		Y：19	Y：86	Y：15
K：0	K：0	K：0		K：0	K：0		K：0	K：0	K：0

3.9 同构图形

同构图形是将两个或两个以上不同的或是存在一定联系的图形结合在一起，组成一个新的图形，形成一种新的形态结构。同构图形既保持了原有图形的基本特征，又传达出新的意义与内涵。对于同构图形，可以简单地理解为一个图形的某个部分被替换为了另外一个图形的某个部分。

该标志将犀牛的角置换成铲车的铲斗，两者巧妙地融合在一起，并进行卡通化处理，形成富有新意与趣味性的图形标志。

色彩点评：

- 画面中的图形标志以黑色为主色，灰色为辅助色，低明度色彩基调给人沉稳、安全的感觉，更易获得观者的好感与信任。
- 黑色与灰色的色彩搭配不会造成视觉上的刺激感，可以更好地将观者的视线集中到图形的形态结构上来，突显图形标志的细节。

CMYK：4,3,4,0

CMYK：26,15,10,0

CMYK：82,79,76,60

推荐色彩搭配：

C：11	C：13	C：84		C：64	C：42		C：69	C：10	C：6
M：78	M：9	M：80		M：76	M：23		M：29	M：16	M：49
Y：55	Y：9	Y：79		Y：44	Y：32		Y：6	Y：46	Y：90
K：0	K：0	K：66		K：3	K：0		K：0	K：0	K：0

　　画面中回形针与人腿同构组合，回形针的两端被置换成人的腿部，这种巧妙组合形成了幽默、有趣的图形视觉形象，具有较强的趣味性与视觉吸引力。

色彩点评：
- 画面以深棕色为背景色，低明度的色彩基调给人稳定、亲切的感觉。
- 图形采用橙黄色进行设计，橙黄色明度较高，与背景的深棕色明度对比鲜明，使图形更加醒目、清晰，足以吸引观者的视线。

CMYK：68,81,91,57

CMYK：8,53,87,0

推荐色彩搭配：

C：7	C：77	C：9		C：3	C：50		C：12	C：20	C：87
M：24	M：56	M：84		M：29	M：33		M：2	M：13	M：50
Y：49	Y：41	Y：59		Y：14	Y：36		Y：20	Y：83	Y：72
K：0	K：0	K：0		K：0	K：0		K：0	K：0	K：10

3.10 渐变图形

　　渐变图形是指图形由一种形象逐渐演化构成另一种形象，通过富有规律性、秩序感、韵律感的形态渐变，使两者形成一定的逻辑关系，传达视觉图形的主题与含义。这些图形可以逐渐变大变小，或逐渐改变姿态，直观地传递出事物发展的过程。

　　下面画面左下方的正方形在不断变化后变成圆形，赋予画面动感与活跃感，使画面具有较强的视觉吸引力，给人以深刻的印象。

色彩点评：

- 该作品以深紫色为背景色，高纯度的色彩基调给人神秘、饱满的感觉。
- 画面中的主体图形采用红色，与紫色的背景形成强烈的对撞，使画面具有较强的视觉冲击力，给观者留下深刻的印象。

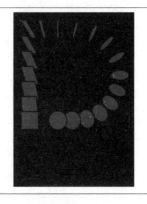

CMYK：10,97,96,0

CMYK：87,100,39,5

推荐色彩搭配：

C: 74	C: 8	C: 39		C: 17	C: 73		C: 7	C: 33	C: 68
M: 82	M: 2	M: 4		M: 10	M: 11		M: 63	M: 2	M: 62
Y: 11	Y: 2	Y: 74		Y: 0	Y: 39		Y: 84	Y: 25	Y: 37
K: 0	K: 0	K: 0		K: 0	K: 0		K: 0	K: 0	K: 0

　　画面左下角的海鸥通过解构变形后变化为鸽子，鸽子再次演变为鹰，这一变化过程表现出作品"一切都会发生变化"的主题，画面具有较强的视觉感染力。

色彩点评：

- 该作品以青灰色为主色调，低纯度的色彩基调给人以柔和、自然的视觉感受，画面的视觉刺激性较小。
- 主体图形采用黑色，在低纯度的青灰色背景上更加醒目、明了，使观者能够清晰地看到图形的变化过程。

CMYK：17,8,20,0

CMYK：89,87,86,77

推荐色彩搭配：

C: 13	C: 7	C: 87		C: 74	C: 6		C: 90	C: 20	C: 29
M: 26	M: 5	M: 42		M: 87	M: 34		M: 87	M: 13	M: 53
Y: 26	Y: 5	Y: 92		Y: 8	Y: 87		Y: 87	Y: 11	Y: 0
K: 0	K: 0	K: 4		K: 0	K: 0		K: 77	K: 0	K: 0

3.11 文字图形

　　文字图形是将文字与图形结合起来，对文字结构进行拆解与重构。文字图形使文字形象化，使文字的含义更加深刻、准确、鲜明，增强了文字的视觉美感与传播力度。文字是最容易被人视觉捕捉的图形，因此文字图形更易使人理解作品的内涵。

　　"panda"一词中的p和a两个字母被解构变成熊猫的脸部，文字的形象化处理使文字的含义更加鲜明、生动，增强了文字的标志性与视觉冲击力，提升了文字的传播力度。

色彩点评：

- 该作品以灰色为背景色，低明度的色彩基调给人以柔和、自然的视觉感受。
- 文字图形采用黑色进行设计，黑色与灰色背景中的"空白"空间构成了熊猫的卡通形象，使文字的含义形象化、具体化，给人生动、形象的印象。

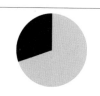

CMYK：21,16,14,0

CMYK：90,87,87,77

推荐色彩搭配：

C: 69	C: 13	C: 81		C: 54	C: 90		C: 86	C: 15	C: 35
M: 47	M: 8	M: 78		M: 18	M: 96		M: 84	M: 10	M: 27
Y: 36	Y: 10	Y: 74		Y: 25	Y: 18		Y: 76	Y: 84	Y: 25
K: 0	K: 0	K: 55		K: 0	K: 0		K: 65	K: 0	K: 0

　　该作品将字母的部分结构进行变形、减缺处理，形成形态结构上的正负形关系，字母中间的"负形"空间构成奔跑的猫咪形象，使文字更加可爱、有趣，具有较强的视觉吸引力。

色彩点评：

- 灰白色的背景色彩饱和度较低，色彩的视觉刺激性较弱，给人以自然、舒适的视觉感受。
- 文字图形采用色彩纯度较高的深灰色，与灰白色的背景形成纯度的对比，在其衬托下更加醒目、突出，有效地传递了文字信息。

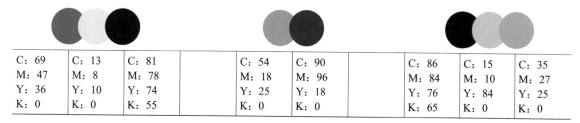

CMYK：71,63,60,12

CMYK：9,7,7,0

推荐色彩搭配：

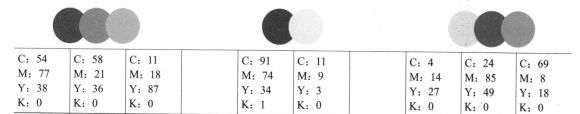

C: 54	C: 58	C: 11		C: 91	C: 11		C: 4	C: 24	C: 69
M: 77	M: 21	M: 18		M: 74	M: 9		M: 14	M: 85	M: 8
Y: 38	Y: 36	Y: 87		Y: 34	Y: 3		Y: 27	Y: 49	Y: 18
K: 0	K: 0	K: 0		K: 1	K: 0		K: 0	K: 0	K: 0

第 4 章

图形设计与构图

　　构图不仅可以为画面增添活力，还可以增强画面的可视性与趣味性，使画面效果更加丰富，富有艺术性与感染力。构图还可以辅助表达作品的主旨内涵，如对称式构图可以突显作品的稳定，曲线型构图可以突显作品的韵律感等。

4.1 重心型构图

重心型构图是将主体图形放置在画面视觉重心位置进行构图。这种构图方式可以突出重点，让版面产生强烈的向心力，给人吸引、集中、收缩的感觉。重心型构图通常会采用大量的留白，减少重心以外的画面干扰，保证视觉焦点的突出。

该作品中的图形位于画面中央的视觉焦点位置，可以快速地吸引观者的注意。这种构图方式直观、清晰，突出作品主体形象，给人稳定、有序的感觉。

该作品采用扁平化设计风格，主体图形位于画面的视觉焦点位置，利用留白突出图形的主体地位，引导观者的视线集中在中央位置，将设计者的创意清晰地展现出来。

色彩点评：

- 该作品以藏蓝色为背景色，给人平稳、安全、冷静的感觉。
- 主体图形采用红色、奶白色与黄色等色彩进行搭配，形成暖色调的色彩感觉，减弱了背景的冷感，活跃了画面的气氛。
- 主体图形的色彩明度较高，在低明度的背景衬托下更加醒目、突出，吸引观者的视线。

CMYK：93,78,51,17

CMYK：1,11,10,0

CMYK：22,95,94,0

CMYK：11,18,87,0

推荐色彩搭配：

C：94	C：17		C：40	C：58	C：22		C：84	C：3
M：70	M：32		M：4	M：62	M：95		M：70	M：16
Y：40	Y：94		Y：11	Y：67	Y：94		Y：49	Y：13
K：2	K：0		K：0	K：9	K：0		K：10	K：0

4.2 垂直型构图

垂直型排版是较常规的排版形式，将图形和文字自上而下垂直摆放。垂直型构图有稳定、挺拔、庄严、有力、秩序等特点。在进行排版时，文字与图形通过大小与形式上的对比可体现信息层级关系，避免信息混乱。

画面中图形与文字采用由上至下的顺序垂直排列，通过对图形的适当解构、重组，使其更具趣味性，增强了作品的视觉吸引力。垂直型排版规整有序，作品主题与形象清晰明了。

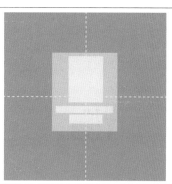

画面中是车辆在道路上行驶的场景，竖向线条较多，采用垂直型构图方式可以形成视角的纵向拉伸。该作品既表现出道路平滑、竖直的特点，又形成一个向下的视角延伸，使画面具有较强的视觉表达能力。

色彩点评：

- 该作品以米色作为背景色，表现地面的质感，使画面的视觉效果更加真实、形象。

- 画面中的马路图形采用灰黑色，与浅色背景相比，色彩浓重、饱满，具有较强的视觉冲击力。

- 分隔线与剪刀图形采用浅灰色，与灰黑色的马路形成强烈的对比，具有较强的视觉吸引力；剪刀与线条的造型形成断开马路线的动势，可引发观者深层次的联想。

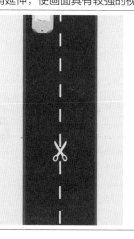

CMYK：73,65,62,18

CMYK：5,13,15,0

CMYK：9,7,7,0

CMYK：15,57,66,0

推荐色彩搭配：

C：7	C：77		C：91	C：85	C：1		C：22	C：65
M：6	M：65		M：68	M：45	M：1		M：3	M：14
Y：20	Y：64		Y：62	Y：58	Y：2		Y：3	Y：5
K：0	K：22		K：25	K：1	K：0		K：0	K：0

4.3 水平型构图

　　水平型构图是将文字或图形横向进行排列，通常具有安宁、稳定等特点，可以用来展现宏大、广阔的画面感。水平线决定了水平型构图的效果，例如水平线居中，能够给人以平衡、稳定之感；水平线位于画面偏下的位置，能够强化画面的高远；水平线位于画面偏上的位置，则可以展现出画面的广阔。

　　画面中的图形与文字呈现为水平型构图，符合人们由左至右的视觉习惯，给人以延伸、平滑、稳定的感觉，便于观者了解作品主题与内容。

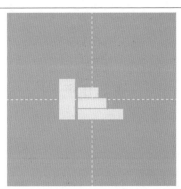

　　该图形标志采用横版构图，画面中的字母从左至右水平排列，保持了画面的稳定、均衡，呈现出水平、延伸的视觉效果。字母"C"经过变形组构后形成咖啡杯的造型，增强了图形的设计感，是"文字图形"的构成方式。

色彩点评：

- 该图形标志整体采用黑色进行设计，给人以稳重、安心、值得信任感觉的同时，表现出咖啡醇厚、原始的口感。
- 浅灰色背景更好地突出前景的图形标志，同时给人柔和、自然的视觉感受，视觉刺激性较小。

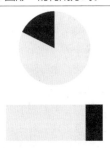

CMYK：6,5,6,0

CMYK：80,74,72,48

推荐色彩搭配：

| C: 7
M: 44
Y: 87
K: 0 | C: 91
M: 68
Y: 12
K: 0 | | C: 6
M: 7
Y: 13
K: 0 | C: 39
M: 15
Y: 30
K: 0 | C: 82
M: 79
Y: 76
K: 60 | | C: 27
M: 21
Y: 20
K: 0 | C: 73
M: 51
Y: 0
K: 0 |

4.4 对称式构图

对称式构图方式是将版面以某个轴为对称线进行对称。轴可以是水平、垂直或倾斜的。对称式构图具有平衡、稳定、相呼应的视觉效果。绝对对称式构图容易给人呆板、严肃的感觉，所以适当变换，可以制造冲突感。

该啤酒的广告以圣诞为节日主题设计而成，以啤酒瓶作为中轴线，将印花设计成圣诞树的造型并作为背景。该作品左右两侧相对对称，与广告主题相呼应，增强了广告整体的视觉冲击力。

画面中的人物造型采用对称式构图完成。从整体角度来看，前景的人物同时也是后景人物的五官。图形具有较强的趣味性、艺术性与视觉表现力，易于引起观者的注意。

色彩点评：

- 该作品以红色作为背景色，高纯度的红色给人热烈、饱满的感觉，具有较强的视觉刺激感。
- 画面中的人物形象采用白色与黑色两种对比鲜明的色彩进行搭配，形成强烈的视觉冲击，给人深刻的印象。
- 白色的色彩明度极高，使观者的视线集中在画面中间的人物五官上，充分展示了图形的内涵。

CMYK：90,87,87,77

CMYK：0,0,0,0

CMYK：34,99,100,1

推荐色彩搭配：

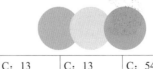

C：31 M：83 Y：85 K：0	C：85 M：80 Y：83 K：69		C：13 M：23 Y：81 K：0	C：13 M：11 Y：14 K：0	C：54 M：7 Y：8 K：0		C：70 M：31 Y：29 K：0	C：9 M：32 Y：72 K：0

4.5 曲线型构图

曲线型构图呈现蜿蜒之势，可以带来优美、柔和的感觉，还可以起到引导观众视线的作用。曲线型构图天生带有一种律动感。

作品采用"正负图形"构成方式，图形的正形是蝎尾图形，蝎尾呈曲线向下弯曲，给人顺滑、流畅的感觉，使画面充满动感；负形则是人的侧脸形象。正负形的结合，让人将蝎子和人的特点联系在一起。

该作品采用曲线型的构图方式，将人体弯曲成一个较大的弧度，夸张化地展现阅读与运动的动作。这种幽默、风趣、独特的表现方式，使画面具有强烈的视觉张力，给观者留下深刻的印象。

色彩点评：

- 该作品以海蓝色为背景色，给人稳定、冷静的感觉。
- 人物形象采用黑色、白色与黄色进行搭配，黄色与蓝色、黑色和白色之间的鲜明对比使图形具有较强的视觉刺激性。
- 书本图形采用红色进行设计，浓郁、热情的红色使画面的气氛更加活跃。

 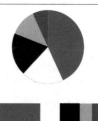 

CMYK：82,50,19,0　CMYK：0,0,0,0
CMYK：89,86,84,75　CMYK：11,27,87,0
CMYK：13,92,88,0

推荐色彩搭配：

  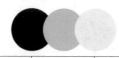

C: 87	C: 6	C: 90	C: 13	C: 2		C: 100	C: 4
M: 61	M: 3	M: 87	M: 7	M: 7		M: 88	M: 43
Y: 83	Y: 28	Y: 87	Y: 85	Y: 13		Y: 45	Y: 26
K: 35	K: 0	K: 77	K: 0	K: 0		K: 10	K: 0

4.6 倾斜式构图

倾斜式构图是将版面元素倾斜摆放，给人不稳定的感觉。倾斜式构图常用于表现动感、失衡、紧张、流动、危险等场面。同时倾斜的版面还具有视线引导的作用。

画面中的图形标志采用倾斜式的构图方式，火柴与燃烧的火焰图形向下倾斜，组合在一起构成吉他的造型，是"同构图形"的构成方式。该作品引导观者的视线由右上向左下延伸，整个画面表现出激越、热烈的气氛。

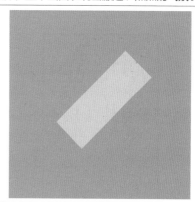

该作品利用倾斜的构图表现运动员猛烈击打沙袋的动作，通过简单的图形说明其用力之大，使画面充满动感。图形上的永恒字眼说明了运动员永不言败、永不放弃的信念，整个画面充满力量与拼搏的主题与内涵。

色彩点评：

- 该作品以白色为背景色，纯净的白色给人简单、明了的感觉，表现了运动员纯净、简单的内心世界。
- 画面中棕红色的沙袋与红色的拳套形成明度的对比，棕红色表现出沙袋的厚重，颜色更为明亮的红色则象征了运动员热情、激越、昂扬的拼搏精神。
- 白色的文字位于主体图形上，更易吸引观者的注意，进而将作品的主题传递给观者。

CMYK：0,0,0,0

CMYK：48,94,92,22

CMYK：32,97,90,1

推荐色彩搭配：

C：88	C：10		C：12	C：63	C：69		C：16	C：48
M：76	M：74		M：11	M：27	M：62		M：18	M：94
Y：59	Y：64		Y：80	Y：89	Y：100		Y：31	Y：92
K：28	K：0		K：0	K：0	K：29		K：0	K：22

4.7 散点式构图

散点式构图指的是将一定数量的元素散落在画面中的构图方法。这种构图可以创造出不规律的节奏和动势，让画面气氛活跃。在使用该构图方式时，可以使用简约的背景，这样将形成繁简对比，从而增加画面的视觉张力。

画面中的各种视觉元素采用散点式构图分散排列，图形与文字呈现出活跃、分散的视觉效果，文字信息完整、详尽，便于观者准确、详细地了解活动。

 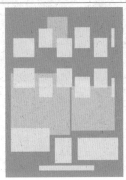

该作品采用散点式构图将多个图形分散排列在画面中，布局饱满、充实，整个画面具有强烈的视觉冲击力与视觉张力，给人以深刻的印象。

色彩点评：

- 该作品以冷色调的深蓝色为背景色，高纯度的深蓝色给人以深远、冷静的视觉感受。
- 图形采用红色、蓝色与白色进行搭配，给人带来强烈的视觉刺激。
- 图形大量使用了蓝色，与背景的深蓝色产生明度的变化，增强了画面的层次感，同时与深蓝色的背景保持了色调上的一致，给人和谐、多元的感觉。

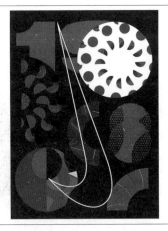

CMYK：97,94,51,24

CMYK：0,0,0,0

CMYK：89,72,8,0

CMYK：10,95,95,0

推荐色彩搭配：

C：7	C：100		C：5	C：64	C：19		C：91	C：9
M：7	M：86		M：4	M：17	M：61		M：98	M：75
Y：5	Y：28		Y：6	Y：33	Y：41		Y：19	Y：93
K：0	K：0		K：0	K：0	K：0		K：0	K：0

4.8 三角形构图

三角形构图是一种稳定的构图方式，是将要表达的图形内容放置在三角形中，或者图形本身形成三角形的态势。正三角形构图给人稳重的感觉，倒三角形给人一种不稳定的紧张感；不规则三角形则具有灵活性和跳跃感。

画面中的三角形结构图形，呈现出稳定、平衡的视觉效果。黑色的线条充满韵律感，增强了画面的灵动感，使作品具有较强的视觉冲击力。该图形呈现出二维和三维相结合的视觉效果。

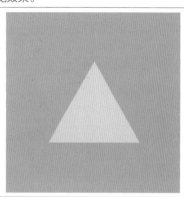

该作品主体图形呈三角形结构，给人平衡、稳定的感觉。画面左侧骑马的人物剪影与夕阳形成了一幅神秘、未知的黄昏情景，吸引观者联想，探寻作品中的未尽之意。

色彩点评：

- 该作品以褐色为主色，低明度的色彩给人以神秘、未知的视觉感受。

- 画面主体图形采用米白色，与深色背景形成明度的鲜明对比，将观者的视线引导至中央的主体图形。

- 夕阳图形采用温暖的橙黄色，与米白色的主体图形进行搭配，提升了画面的温度，缓解画面的紧张感，给人舒适、自然的感觉。

CMYK：5,6,13,0

CMYK：67,71,100,44

CMYK：24,56,93,0

推荐色彩搭配：

C: 28	C: 13		C: 9	C: 39	C: 16		C: 82	C: 17
M: 75	M: 11		M: 28	M: 99	M: 4		M: 50	M: 10
Y: 48	Y: 10		Y: 21	Y: 84	Y: 17		Y: 100	Y: 58
K: 0	K: 0		K: 0	K: 5	K: 0		K: 14	K: 0

4.9 分割型构图

分割型构图是将版面进行分割使其产生明显的反差，形成对比效果。常见的有左右分割、上下分割。分割型构图会通过图案、色彩形成对比，通过对比引发观者的联想与思考。

该图形创意设计采用分割型构图方式，通过背景色彩与设计元素的不同将画面分割为左右不同的部分，给人简约、纯净的感觉。并通过文字与图标使左右两部分形成联系。

 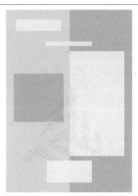

该作品利用白色线条将书籍与人物的面部分割为两部分结构；使用台灯替代人物的鼻子与眼睛，应用了"双关图形"的构成方式，突显了读书使用台灯的必要性，使画面上下两部分产生联系，同时表现出读书的刻苦与专注，画面具有较强的视觉感染力。

色彩点评：

- 该作品以黑色作为主色，低明度的色彩基调给人稳定、严谨、认真的感觉。
- 书籍图形采用红色，浓郁的红色具有较强的视觉刺激性，吸引观者的视线向画面下方集中。
- 人物面部的"留白"使台灯更加突出，充分展现出同构图形的魅力，给人以深刻的印象。

CMYK：90,87,87,77

CMYK：0,0,0,0

CMYK：14,96,89,0

推荐色彩搭配：

C: 16	C: 30		C: 11	C: 9	C: 94		C: 8	C: 2
M: 54	M: 15		M: 55	M: 5	M: 79		M: 47	M: 1
Y: 50	Y: 16		Y: 87	Y: 49	Y: 25		Y: 24	Y: 1
K: 0	K: 0		K: 0	K: 0	K: 0		K: 0	K: 0

O 型构图法

O型构图法也被称为"圆形构图法"。这种构图方法利用画面中的内容将观者视线引导向画面中心。通常这种构图方法会给人一种紧凑感和收缩感。

这是一款App的图形标志设计作品，图形采用O型构图方式，视觉元素围绕画面中心以相同的角度翻转、复制形成螺旋图形，形成强大的运动和旋转效果，使图形具有强烈的向心力，给人以深刻的印象。

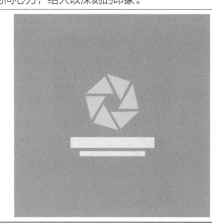

该作品采用O型构图方式，主体图形用手臂的轮廓组合成"共生图形"，使图形具有强烈的旋转动态感觉，增强了画面的动感与视觉冲击力，加深了观者对产品的印象。

色彩点评：

- 该作品以橙黄色为背景色，给人温暖、亲切的感觉。
- 画面中的主体图形采用黑色与白色进行设计，黑白两色的搭配给人简洁、大方的感觉；同时与背景形成鲜明对比，突出其主体地位。
- 螺旋图形提升了画面的活跃感，暗示品尝咖啡后可以使心情更加愉快。

CMYK: 6,43,82,0

CMYK: 3,1,2,0

CMYK: 84,88,84,74

推荐色彩搭配：

C: 27	C: 81		C: 18	C: 8	C: 83		C: 3	C: 32
M: 53	M: 70		M: 93	M: 39	M: 82		M: 29	M: 13
Y: 81	Y: 45		Y: 59	Y: 4	Y: 76		Y: 14	Y: 61
K: 0	K: 5		K: 0	K: 0	K: 63		K: 0	K: 0

4.11 对角线构图

对角线构图与倾斜构图很相似，对角线构图是将图形沿着画面的对角线进行放置，这种构图可以产生强烈的动感和不稳定感。这种打破横平竖直的方式，能够增加画面的视觉张力，为整个画面带来更多的生机和活力。

该作品采用了对角线构图方式，手臂与腿形成倾斜向上的画面感，暗示主人公在他人的帮助下继续前行，给观者带来更多的想象空间。

这是一幅关于共享生活的图形创意设计作品，采用对角线构图表现作品主题，通过两个人使用同一只灯泡的画面，体现节约环保的理念，引发观者的思考。

色彩点评：

- 该作品以青色作为背景色，给人清新、活力的感觉。
- 画面中的主体图形以白色与黄色两种明度较高的颜色作为主色，将观者的视线引导至中央的位置，向观者传达作品的主题。
- 图形采用靛蓝色作为点缀色，与背景形成一定的区别，增强了画面的视觉吸引力，又不会对主体图形产生干扰。

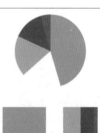

CMYK：65,8,42,0　CMYK：0,0,0,0

CMYK：11,32,87,0　CMYK：89,58,43,1

CMYK：16,81,81,0

推荐色彩搭配：

C: 52	C: 9		C: 73	C: 24	C: 13		C: 41	C: 18
M: 16	M: 13		M: 11	M: 93	M: 11		M: 99	M: 34
Y: 26	Y: 20		Y: 39	Y: 85	Y: 11		Y: 100	Y: 89
K: 0	K: 0		K: 0	K: 0	K: 0		K: 8	K: 0

4.12 满版型构图

满版型构图主要是将图形放大或分散排列并铺满整个版面的构图方式。采用满版型构图的作品，其画面饱满，具有极强的代入感和视觉感染力。

该作品采用了满版型构图方式，不同的图形组合在一起形成狮子的头部造型，将其放大填满整个版面，使画面具有较强的视觉表现力，给人强烈的视觉冲击。

这是一幅经典电影的平面作品，图形采用满版型的构图方式将人物的服装放大，填满整个版面，画面具有较强的视觉冲击力。

色彩点评：

- 该作品以黑色作为主色，低明度的色彩给人以怀旧、经典、复古、神秘的视觉感受。
- 图形采用白色作为辅助色与黑色进行搭配，形成强烈的对比效果，风格鲜明、独特，给人以深刻的印象。

CMYK：90,87,87,77

CMYK：0,0,0,0

推荐色彩搭配：

C: 9	C: 10		C: 90	C: 35	C: 18		C: 13	C: 86
M: 73	M: 23		M: 62	M: 6	M: 30		M: 51	M: 66
Y: 64	Y: 53		Y: 48	Y: 14	Y: 82		Y: 42	Y: 67
K: 0	K: 0		K: 5	K: 0	K: 0		K: 0	K: 30

4.13 透视型构图

透视型构图是通过事物的透视关系，将画面中纵深方向的线条都汇聚到一点。利用这种构图方法，可以有效地引导观者的视线，并强化空间感，为观者留下不一样的视觉印象。

该作品将不同大小的立体图形组合到一起，利用色彩明度的变化和图形透视的角度，形成画面的纵深感；通过图形制造出倾斜向下的视角，引导观者的视线向文字倾斜，传递作品的信息。

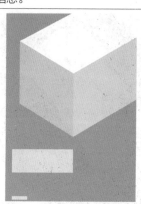

该作品中的小屋与围栏通过统一的透视角度形成较强的空间感，展现出一个和谐、温馨的生活空间。该作品使用牛奶盒替代小屋，是"双关图形"的构成方式，体现了日常饮用牛奶的主题，使作品富有趣味性。

色彩点评：

- 该作品以深蓝色作为背景色，高纯度的色彩给人平稳、安定的感觉。
- 画面中的主体图形采用奶白色，与深蓝色背景形成明度的鲜明对比，在其衬托下更加醒目、突出，使观者的视线集中到画面中央。
- 奶白色给人以细腻、柔和的感觉，暗示牛奶的口感很好，引起观者的兴趣。

CMYK：93,85,48,15

CMYK：3,10,11,0

CMYK：28,37,37,0

推荐色彩搭配：

C: 84	C: 13		C: 22	C: 2	C: 84		C: 37	C: 35
M: 86	M: 3		M: 87	M: 0	M: 73		M: 9	M: 43
Y: 15	Y: 50		Y: 33	Y: 3	Y: 16		Y: 19	Y: 50
K: 0	K: 0		K: 0	K: 0	K: 0		K: 0	K: 0

第 5 章

标志中的图形创意

标志（Logo）是品牌的视觉符号，提到"标志"人们大多会联想到各种商标品牌，这些标志能够传达商品的属性、品牌定位、品牌调性。

标志设计要围绕品牌名字传递的意象来设计，应深入挖掘项目中需要传递出的概念，只有充分了解企业文化、价值，才能突出Logo的内在价值。

标志设计的形态，主要由图形、文字组成。图形又分为具象图形（动物、植物、人物、风景等）、抽象图形、基本图形（如方形、圆形）、文字图形（文字变形）等类型。

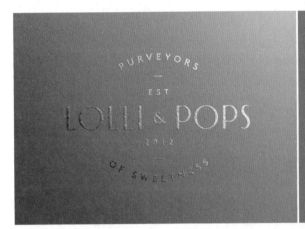

5.1 化妆品标志设计

5.1.1 设计思路

案例类型：

本案例是一款高端天然化妆品的标志设计项目。

项目诉求：

"卡玫绮儿"（Camille & Q）品牌化妆品具有天然化妆品的温和、安全、绿色等特点。成分以天然植物萃取精华，符合20～35岁年轻女性追求的健康护肤理念。品牌商要求突显品牌的高端、天然等特性。

设计定位：

根据这款产品自有特性，结合品牌商的要求，将项目的设计风格定位于天然、高端、大气。为了利用品牌传播推广，直接将品牌名称作为Logo主体，进行适当文字变形，美化文字效果。以叶子为主要图形元素，突显"天然植物"萃取的健康理念。为了突显高端、大气之美，将

Logo颜色设计为金色，通过设置渐变的金色，更突显出Logo的质感。

5.1.2 配色方案

化妆品突显高端之美，不宜使用太多、太刺激的色彩搭配。因此采用"同类色"的配色技巧，更显柔和、舒适、大气、尊贵。

主色：

金色历来是财富、权力的象征，金色元素的运用很容易让人联想到尊荣、华贵等词汇。本案例选用了饱和度稍低的金色，既高贵又不失内涵，与品牌的高端定位吻合。

辅助色：

为了突显Logo的质感和层次，又要保持色彩统一，因此选择不同明度的金色组成渐变。同时考虑到主色的金色略显"跳跃感"，可以选择明度较低的色彩进行搭配，最终选择了低明度、低饱和度的金色作为辅助色。

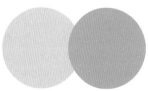

其他配色方案：

绿色与黄绿色的搭配也是不错的选择，在黑色的映衬下，鲜艳的绿色显得格外明艳动人，而

且这两种不同纯度的绿色突显了品牌自然、绿色的特点。

除了充满自然感的绿色与大气的金色之外，本案例还可以选择低饱和度的粉色系色彩。浅粉色与明度和饱和度稍低的粉灰色搭配在一起，给人柔美、舒适之感。

5.1.3 版面构图

本案例以英文字母为主，结合图形与汉字组成整个标志。水平排布的方式会产生横向的视觉拉伸效应，是化妆品Logo中使用较多的组合方式之一。

Logo中的字母采用时尚的非衬线体，通过简单的变形，增强视觉的识别度。同时将字母Q替换为绿叶组成的图案，更能体现"天然、不刺激"的品牌调性。中文文字部分位于图形的正下方，采用规整的字体样式，增强品牌名称的易记性。

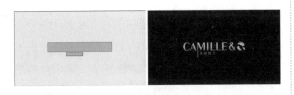

还可将变形的字母Q作为标志的主体图形，放大图形的表现力，以强调品牌调性。

5.1.4 同类作品欣赏

5.1.5 项目实战

操作步骤：

步骤/01 新建一个大小合适的横向空白文档。选择工具箱中的"矩形工具"，在控制栏中设置"填充"为棕灰色，"描边"为无。设置完成后绘制一个与画板等大的矩形。

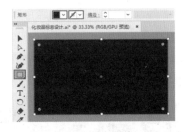

步骤/02 制作标志文字。选择工具箱中的"文字工具"，在文档空白位置输入文字。然后选中文字，在控制栏中设置"填充"为浅金色，"描边"为无，同时设置合适的字体、字号。（为了便于操作，可以执行"窗口>控制"命令，打开控制栏。执行"窗口>工具栏>高级"命令，显示出工具箱中的全部工具。）

步骤/03 将文字选中，执行"文字>创建轮廓"命令，将文字转换为图形。

步骤/04 对字母M进行变形处理。将文字选中，选择工具箱中的"直接选择工具"，将M左下角的锚点选中，然后按键盘上的向下箭头，将M左侧的竖线拉长。

步骤/05 使用"文字工具"，在字母M延长的竖线右侧输入文字。接着在控制栏中设置"填充"为相同的颜色，"描边"为无，同时设置合适的字体、字号。

步骤/06 对输入的中文字间距进行调整。将中文选中，执行"窗口>字符"命令，在打开的"字符"面板中设置"字间距"为250。此时文字之间的间距被拉大。

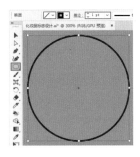

步骤/07 从案例效果中可以看出，标志文字中的字母Q被替换为不规则的创意图形。该图形是由若干个正圆共同组成的，首先需要绘制出正圆，然后借助"路径查找器"，将图形进行合并与分割，进而得到需要的图形。选择工具箱中的"椭圆工具"，在控制栏中设置"填充"为无，"描边"为黑色，"粗细"为1pt。设置完成后在画板外按住Shift键的同时按住鼠标左键，拖动绘制一个正圆。

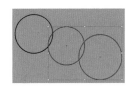

步骤/08 使用"椭圆工具"，在已有正圆右下角绘制另外两个大小不一的正圆。

步骤/09 将三个正圆选中，执行"窗口>路径查找器"命令，在打开的"路径查找器"面板中单击"联集"按钮，将三个图形合并为一个图形。

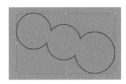

步骤/10 效果如图所示。

步骤/11 继续使用"椭圆工具"，在合并正圆外围绘制一个大正圆，使其边缘相切。

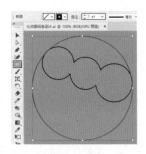

步骤/12 绘制的大正圆有多余的部分，需要对其进行删除。将大正圆和其内部的合并图形选中，在打开的"路径查找器"面板中单击"分割"按钮，将图形进行分割。

步骤/13 将分割图形选中，单击右键执行"取消编组"命令，将图形编组取消。此时使用"选择工具"，将大正圆下半部分选中并拖动，即可将其从整体中分离出来。

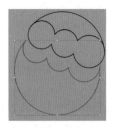

步骤/14 按键盘上的 Delete键进行删除，并将剩下的图形填充为浅金色。

步骤/15 将浅金色图形选中，在"路径查找器"面板中单击"联集"按钮，将其合并为一个图形。

步骤/16 效果如图所示。

步骤/17 使用"椭圆工具"，在画板外绘制两个描边椭圆，使其交叉摆放。

步骤/18 将两个正圆选中，在打开的"路径查找器"面板中单击"减去顶层"按钮，将不需要的部分减去。

步骤/19 此时得到月牙形状。

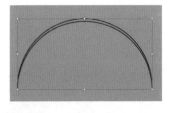

步骤/20 将月牙图形放在浅金色图形上方。

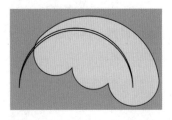

步骤/21 在两个图形选中状态下，在"路径查找器"面板中单击"分割"按钮，将图形进行分割。

步骤/22 将分割图形的编组取消，将浅金色图形上方的弧线删除，即可得到需要的镂空效果，同时将最左侧的弧线填充为黄色。将图中所有图形选中，使用快捷键Ctrl+G进行编组，并将黑色描边去除。

步骤/23 为编组图形添加渐变色。将图形选中，执行"窗口>渐变"命令，在打开的"渐变"面板中设置"类型"为"线性渐变"，"角度"为120°。设置完成后编辑一个浅金色系的渐变。

步骤/24 效果如图所示。

步骤/25 将渐变图形选中，另外复制两份，按照字母Q的形态调整大小与摆放位置。

步骤/26 将在画板外的标志文字选中，移动至画板中，并为其填充相同的渐变色。接着将字母

Q替换为制作的图形，放在文字右侧位置，此时化妆品标志制作完成。

5.2 立体风格文字标志设计

5.2.1 设计思路

案例类型：
本案例是一款儿童服装品牌的标志设计项目。

项目诉求：
儿童服装产品的使用人群为儿童，但购买人群却是父母，因此在进行标志设计时，要考虑到父母对儿童服装品牌选择时的偏好。要求标志风格独特，易识别，能够给消费者留下好感。

设计定位：

品牌名称中所含的"心愿"既可以解读为父母对孩子的美好期许，又可以是儿童脑中的奇妙愿望。综合这两种含义，品牌标志力求创造出一种绚丽、奇妙的视觉感受。本案例采用了以文字为主的标志呈现方式，有助于读者对品牌名称的记忆。为了营造出与众不同的视觉感受，文字采用立体化的形式展现。缤纷的色彩搭配立体化效果，更接近儿童玩具的形态，更好地拉近品牌与使用群体的距离。

5.2.2 配色方案

该品牌的标志设计色彩搭配结合品牌属性、适用群体、视觉体验进行设计。

主色：

为了突显产品的品质，首选金色作为logo的底色。金色给人品质信任感、专业的视觉感受，可作为了标志的主色。由于标志整体需要营造出一定的立体感，所以此处的金色使用了带有一定金属质感的、饱和度较高的金色渐变。

辅助色：

如果标志中只使用金色，则会显得品牌调性过于单调，缺少童趣。因此选择了不同明度的粉色作为辅助色。浅粉色作为logo中文字的主要颜色，稍深一些的粉色作为文字的描边，突出文字轮廓。

点缀色：

儿童产品要突出可爱、童趣、鲜艳的感觉，既然选用金色作为主色了，那么自然会想到选用互补色的紫色作为点缀，两种颜色放在一起会产生较强的视觉冲突，更显活泼和品牌年轻化。但要注意，对比强烈的两种颜色在使用时，颜色使用的面积差要大，否则会产生难分主次的问题。

其他配色方案：

在儿童类产品的标志设计中，蓝色也是常用的色彩。将蓝色、白色、绿色进行合理搭配，让人不由自主联想到蓝天、白云、绿地的美好画面。不仅突显了产品的安全，也表达了儿童健康成长的美好心愿。该配色方案也可以选用蓝色作为底色，黄色作为文字的颜色，黄蓝对比，更具视觉冲击力。

5.2.3 版面构图

标志由椭圆形以及三组大小不一的文字构成，重点突出，信息传达得非常直接。由于标志中需要出现的文字较多，所以画面很容易杂乱。使用椭圆作为底部图形，可以很好地将三组文字"圈"在一个范围内，同时也将消费者的视觉聚集在一个点上。

主体文字基本采用水平排列的形式，在大小变化中也能保持视觉稳定性。同时将作为背景的椭圆适当旋转角度，可避免呆板之感。

也可尝试去除标志的立体效果，将较小的文字上下排列，倾斜的椭圆形仍然能够带来活泼之感。还可以将标志文字以上下两组的方式整齐排列，这样整体更加简单直观。

5.2.4 同类作品欣赏

5.2.5 项目实战

操作步骤：

步骤/01 新建一个大小合适的横向空白文档。在画板中添加文字，选择工具箱中的"文字工具"，在画板中输入字母D。在控制栏中设置"填充"为粉色，"描边"为无，同时设置合适的字体、字号。在文字选中状态下，单击鼠标右键，在弹出的快捷菜单中选择"创建轮廓"命令，将文字对象转换为图形对象。

步骤/02 为输入的文字添加背景。将字母D选中，使用快捷键Ctrl+C复制，使用快捷键Ctrl+B将文字粘贴在原有文字后面位置。在控制栏中将其填充色更改为洋红色（此时洋红色文字被粉色文字遮挡住）。

步骤/03 为洋红色文字进行路径偏移操作。在文字选中状态下，执行"对象>路径>偏移路径"命令，在弹出的"偏移路径"对话框中设置"位移"为2mm，"连接"为"圆角"，"斜接限制"为2。设置完成后单击"确定"按钮。

步骤/04 效果如图所示。

步骤/05 使用同样的方式，制作其他字母。

步骤/06 为字母添加整体边缘背景。将洋红色文字轮廓图形选中，在打开的"路径查找器"面板中单击"联集"按钮，将其合并为一个图形。

步骤/07 将洋红色合并图形选中，使用快捷键Ctrl+C进行复制，使用快捷键Ctrl+B将复制得到的文字粘贴到洋红色图形后面。执行"对象>路径>偏移路径"命令，在弹出的"偏移路径"对话框中设置"位移"为1mm，"连接"为"圆角"，"斜接限制"为2。

步骤/08 效果如图所示。为了观察效果，可将进行路径偏移的图形颜色更改为黑色。

步骤/09 为复制得到的合并图形添加渐变色。将图形选中，在打开的"渐变"面板中设置"类型"为"线性渐变"，"角度"为-101°。设置完成后编辑一个灰白色系的渐变。

步骤/10 效果如图所示。

步骤/11 在文字上方添加星星，丰富细节效果。选择工具箱中的"星形工具"，在控制栏中设置"填充"为黄色，"描边"为洋红色，"粗细"为1pt。设置完成后在文档空白位置按住Shift键的同时按住鼠标左键，拖动绘制一个星形。

步骤/12 将星形的尖角调整为圆角。将星形选中，选择工具箱中的"直接选择工具"，将光标放在白色控制栏的上方，按住鼠标左键往外拖动。

步骤/13 此时图形尖角被调整为圆角，效果如图所示。

步骤/14 为星形填充渐变色。将图形选中，在打开的"渐变"面板中设置"类型"为"径向渐变"，"角度"为-145°。设置完成后编辑一个黄色系渐变。

步骤/15 将星形进行适当角度的旋转。

步骤/16 将制作完成的星形选中，使用快捷键Ctrl+C进行复制，使用快捷键Ctrl+F进行原位粘贴。在复制得到的图形选中状态下，在控制栏中设置"填充"为土黄色，"描边"为无。将光标放在定界框一角，按住Shift+Alt快捷键的同时按住鼠标左键，将复制得到的星形进行等比例中心缩小。

步骤/17 使用同样的方式，在已有图形上方继续制作出另外两个叠加的渐变星形。

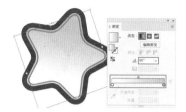

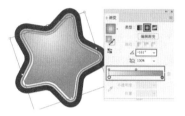

步骤/18 再次复制最顶层的星形，然后在上方绘制一个圆形。选中圆形和顶层的星形。

步骤/19 单击"路径查找器"面板中的"减去顶层"按钮，得到半个星形，作为高光部分。

步骤/20 将高光图形选中，在打开的"渐变"面板中设置"类型"为"径向渐变"，"角度"为-161°。设置完成后编辑一个橙色系的渐变。

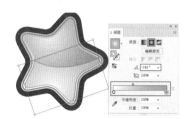

步骤/21 星形图形制作完成。将所有星形选中，使用快捷键Ctrl+G进行编组，然后将其放在字母"e"上方。

步骤/22 为主标题文字添加立体化效果。将底部灰色渐变轮廓图形选中，复制一份放在文档空白位置。接着将复制得到的图形选中，执行"效果>3D>凸出与斜角"命令，在弹出的"3D凸出和斜角选项"对话框中，将光标放在左上角的立体模型上方，拖动鼠标对图形立体效果进行调整。同时勾选"预览"复选框，这样在调整的过程中就可以随时看到调整效果。调整完成后单击"确定"按钮。

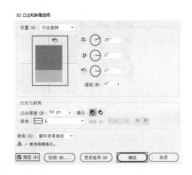

步骤/23 效果如图所示。

步骤/24 将立体化的轮廓图形选中，执行"对象>扩展外观"命令，将其转化为可以进行操作的图形对象。

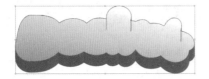

步骤/25 由于需要的是立体图形底部的深灰色部分，因此，需要将其他图形删除。将立体图形选中，单击鼠标右键，在弹出的快捷菜单中选择两次"取消编组"命令，将图形编组取消。然后将上方浅灰色部分图形选中，按键盘上的Delete键删除。将保留下来的深灰色图形全部选中，使用快捷键Ctrl+G进行编组。

步骤/26 将编组的深灰色图形选中，放在主标题文字下方位置。接着为其添加金色渐变，丰富视觉效果。在打开的"渐变"面板中设置"类型"为"线性渐变"，"角度"为0°。设置完成后编辑一个金色系渐变。

步骤/27 效果如图所示。

步骤/28 为金色渐变立体图形添加投影，让视觉效果更加饱满。将金色图形选中，执行"效果>风格化>投影"命令，在打开的"投影"对话框中设置"模式"为"正片叠底"，"不透明度"为80%，"X位移"为0mm，"Y位移"为1.5mm，"模糊"为1mm，"颜色"为棕

色。设置完成后单击"确定"按钮。

步骤/29 效果如图所示。

步骤/30 使用同样的方式，制作另外两个立体化文字效果。

步骤/31 将中间文字进行变形。将该文字选中，执行"对象>封套扭曲>用变形建立"命令，在弹出的"变形选项"对话框中设置"样式"为"弧形"，"弯曲"为14%。设置完成后单击"确定"按钮。

步骤/32 此时文字产生了弯曲效果。

步骤/33 制作椭圆形背景。选择工具箱中的"椭圆工具"，在控制栏中设置任意的"填充"颜色，"描边"为无。设置完成后在文字上方绘制椭圆。

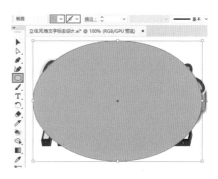

步骤/34 将光标放在定界框一角外侧，按住鼠标左键进行适当的角度旋转。

步骤/35 为绘制的椭圆填充渐变色。将椭圆选中，在打开的"渐变"面板中设置"类型"为"线性渐变"，"角度"为45°。设置完成后编辑一个金色系渐变。

步骤/36 效果如图所示。

步骤/37 为渐变椭圆添加投影，增强层次立体感。将椭圆选中，执行"效果>风格化>投影"命令，在打开的"投影"对话框中设置"模式"为"正片叠底"，"不透明度"为100%，"X位移"为0mm，"Y位移"为0.8mm，"模糊"为0mm，"颜色"为棕色。设置完成后单击"确定"按钮。

步骤/38 调整图形顺序，选中该椭圆，单击鼠标右键，在弹出的快捷菜单中选择"排列>置于底层"命令，将渐变椭圆放在文字下层。

5.3 中式古风感标志设计

5.3.1 设计思路

案例类型：

本案例是一款度假景区的主题酒店标志设计项目。

项目诉求：

酒店所处环境依山傍水，取名"山水之间"也正是为了突出环境清幽、融入自然的特征。酒店整体装修风格较为古朴典雅，意图还原古代文人雅士隐居山林、烹茶抚琴的意象。

设计定位：

根据酒店特征，标志在设计之初就将整体确定为颇具中式内涵的古风格调。最能代表中式古典风格的意象莫过于"水墨画"，而标志的主体图形正是将度假区特有的自然环境以挥毫泼墨的形式表现出来。

5.3.2 配色方案

对于消费者而言，度假景区酒店应给人轻松、休闲之感，所以本案例采取泼墨山水的形态搭配自然中特有的颜色，既保留古典中式的韵味，同时又从自然之色中带来一丝清爽与惬意。

主色：

在大自然中蓝色、绿色都是令人愉悦的颜色，但却过于普通。而青色则是介于两者之间的颜色，既有蓝的沉静又有绿的葱郁。青色常让人联想起宁静的湖泊，给人淡雅、超凡脱俗之感，这也是本案例选取青色作为主色的原因。

辅助色：

标志以高明度高纯度的青色为主色，辅助以植物中清翠的绿色。在邻近色对比中，既统一协调又富有变化。

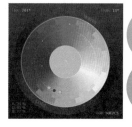

点缀色：

点缀色选择温厚而踏实的土黄色，有效地调和了青绿两个冷色调带来的"距离感"。

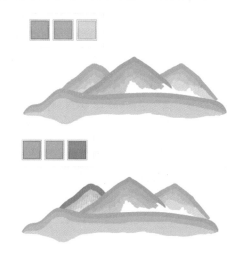

其他配色方案：

提到极具中式韵味的"泼墨山水"，联想到的自然是黑白灰这样的无彩色。但如果本案例的标志是采用无色进行制作，可能会使受众产生过于严肃而沉闷的感觉。因此本案例采用单色配色方式，以青色贯穿始终，用不同明度穿插，更能突显清幽之感。

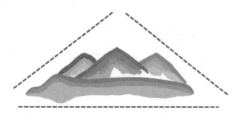

5.3.3 版面构图

标志的上半部分由三个层叠的三角形"山体"组成，底部是横卧的"河流"，平静而具有延伸性。主体图形外轮廓呈现出典型的三角形，三角形是非常稳定的结构，给人以沉稳、安全之感。

同时，三角形也是人们心中"山"的基本形态，与主题相呼应。标志整体采用了典型的上下构图方式。标志中的中文文字部分位于图形的正下方，采用极具中式特色的"仿宋体"，简约而不简单。文字之间以直线进行分割，更具装饰性。

位于标志下方的文字采用了明度和纯度都稍低的深绿色，在纤细的仿宋体的衬托下，展现出松竹般素雅而坚毅的品格。

除此之外，采用书法字体也是可以的。但过粗的软笔书法字体会使标志的下半部分过于沉重，相对来说硬笔书法字体则更有韵味。

除此之外，还可以将标志图形与文字进行水平排列。

也可以将中文、英文以及图形部分进行水平方向的居中对齐，使其显得更为规整。

5.3.4 同类作品欣赏

5.3.5 项目实战

操作步骤：

步骤/01 新建一个大小合适的横向空白文档。制作水墨山图形，选择工具箱中的"画笔工具"，在控制栏中设置"填充"为无，"描边"为橙色，"粗细"为0.5pt。执行"窗口>画笔库>艺术效果>艺术效果_油墨"命令，在弹出的"艺术效果_油墨"面板中选择合适的画笔类型。

步骤/02 画笔设置完成后，在版面空白位置按住鼠标左键拖动，绘制一个山形状路径。

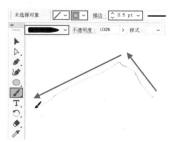

步骤/03 绘制完成后，释放鼠标即可得到相应的图形效果。（山形状没有固定的样式，只要呈现的效果具有一定的视觉美感即可，无需按照案例中的样式进行，最重要的是学会使用方法。）

步骤/04 在"艺术效果_油墨"面板中单击左下角的"画笔库菜单"按钮，在弹出的下拉菜单中执行"艺术效果>艺术效果_水彩"命令。

步骤/05 打开"艺术效果_水彩"面板，在其中选择一种合适的画笔类型。

步骤/06 继续使用"画笔工具"，在控制栏中设置"描边"为深浅不同的黄色，"粗细"为1pt。多次拖动鼠标填充山图形的各个部分。

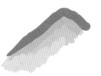

步骤/07 黄色的山形状制作完成。使用同样

的方法制作其他不同颜色的水墨山图形。（"画笔库"中有很多种不同类型的画笔样式，多尝试，可以制作出不同效果的水墨山图形。）

步骤/08 制作标志文字。选择工具箱中的"文字工具"，在水墨山图形下方输入文字。在控制栏中设置"填充"为深绿色，"描边"为无，同时设置合适的字体、字号。

步骤/09 对输入文字的字间距进行调整。将文字选中，在打开的"字符"面板中设置"字间距"为-60。

步骤/10 此时文字变得紧凑了一些。（该步骤操作完成后文字间距的变化不大，需要仔细观察。）

步骤/11 使用"文字工具"，在中文顶部输入其他文字。在控制栏中设置合适的填充颜色、字体、字号，同时单击"右对齐"按钮。

步骤/12 对输入的英文文字形态进行调整。将英文选中，在打开的"字符"面板中设置"行间距"为12pt，"字间距"为-100。

步骤/13 标志制作完成，效果如图所示。

第 6 章

名片设计中的图形创意

名片用于介绍个人，起到信息传递、交换的作用。名片通常印有姓名、地址、职务、联系方式等，是向对方推销自己的一种方式，是身份或职业的象征。

由于名片尺寸小，承载不了太多的文字或图形内容，因此在设计名片时要学会善用"留白"技巧。除了排版外，还应着重考虑色彩搭配、名片材质、名片工艺、名片形状等。

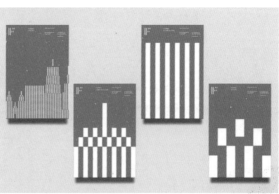

6.1 几何感图形名片设计

6.1.1 设计思路

案例类型：

本案例是一款文创企业员工的名片设计项目。

项目诉求：

该项目的客户为文化创意类企业员工，项目设计要求突显文创企业的特点，视觉形象追求文艺、有格调，并结合企业自身特点进行方案设计。既要展示公司的产品之多，又要追求简洁的设计风格。

设计定位：

根据企业属性及视觉要求，名片整体采用几何图形作为主体元素。该企业的核心工作是文化的再创造，而再复杂的图像也都是由一个个线条与图形构成的，两者之间有着内在的联系。由线条组成的几何图形简洁、明快，既能够划分版面区域，又能够装饰画面。

6.1.2 配色方案

本案例既要突显商务感，又要能展现企业年轻活力的一面，同时还要展示文艺与格调，因此在色彩选择上应避免纯度过高、色彩过多的搭配方案。

主色：

名片背面选用薄荷绿作为主色。介于蓝色与绿色之间的薄荷绿，是一种介于天空与森林之间的色彩，象征着生机、活力，是一种使人容易产生舒适感的色彩，与文创公司活力、年轻、思维活跃的特征非常符合。

辅助色：

为了调节大面积单一颜色带来的呆板之感，名片使用了稍浅一些的薄荷绿的线条。

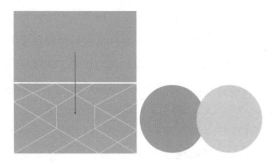

点缀色：

名片正面以接近白色的浅灰色打底，在大面积浅色中又采用大气、稳重的深灰色作为文字颜色。增强了文字的可读性，增强了专业感。

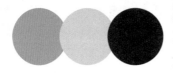

其他配色方案：

本案例也可以采用青蓝色作为主色，代表理性、智慧，与企业的专业性十分符合。

除此之外，也可以尝试用红色搭配沉稳大气的灰色，鲜艳夺目的红色能传递出文创企业所具有的蓬勃朝气与进取、大胆、团结的精神。

6.1.3 版面构图

企业持有众多知名文创产品，使用正六边形作为主体图形，可传达出企业知名的六大产品独当一面的内涵。同时设置交错的线条，暗喻企业更多的优秀产品。名片正面将六边形居右摆放，展示企业名称。左侧大量"留白"设计，呈现出"右重左轻"的视觉偏差，将名字、职员、联系方式、地址等信息在左侧以左对齐方式摆放。最终名片正面呈现出左侧文字、右侧图形的"分割型"构图方式，这种方式给人感觉明晰、舒适。

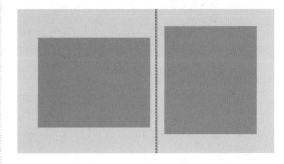

6.1.4 同类作品欣赏

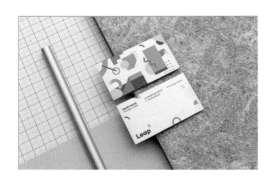

6.1.5 项目实战

操作步骤：

1.制作名片背面

步骤/01 新建一个大小合适的横向空白文档。选择工具箱中的"矩形工具"，在控制栏中设置"填充"为灰色，"描边"为无。设置完成后绘制一个与画板等大的矩形。

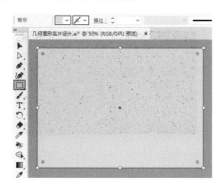

步骤/02 制作名片背面。使用"矩形工具"，在控制栏中设置"填充"为薄荷绿，"描边"为无。设置完成后在灰色矩形左上角绘制一个小矩形。

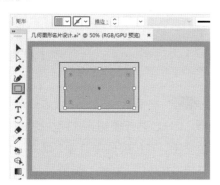

步骤/03 为矩形添加投影，增强层次感。将薄荷绿矩形选中，执行"效果>风格化>投影"命令，在弹出的"投影"对话框中设置"模式"为"正片叠底"，"不透明度"为30%，"X位移"为2mm，"Y位移"2mm，"模糊"为1mm，"颜色"为黑色。设置完成后单击"确定"按钮。

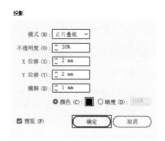

步骤/04 效果如图所示。

步骤/05 从案例效果中可以看出，名片背面中间部位为一个正六边形，周围为直线段。因此，先绘制正六边形。选择工具箱中的"多边形工具"，在控制栏中设置"填充"为无，"描边"为浅青色，"粗细"为1pt。设置完成后在矩形中间部位按住Shift键的同时按住鼠标左键，拖动绘制一个正六边形。

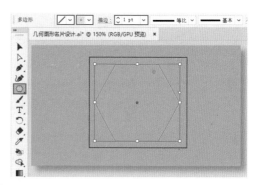

步骤/06 对六边形进行旋转，使其尖角朝上。将六边形选中，单击鼠标右键，在弹出的快捷菜单中选择"变换>旋转"命令，在打开的"旋转"对话框中设置"角度"为90°。设置完成后单击"确定"按钮。

步骤/07 效果如图所示。

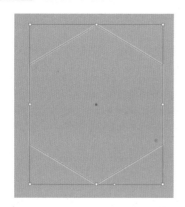

步骤/08 以六边形为基准，在背景矩形上方添加直线段。选择工具箱中的"直线段工具"，在控制栏中设置"填充"为无，"描边"为浅青色，"粗细"为1pt。设置完成后在版面左上角绘制直线段。

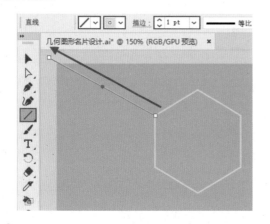

步骤/09 使用"直线段工具"，在版面其他部位绘制相同颜色与粗细的直线段。将所有直线段选中，使用快捷键Ctrl+G进行编组。

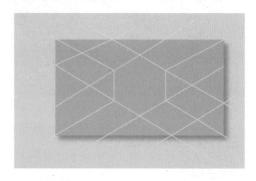

步骤/10 直线段有超出背景矩形的部分，需要对其进行隐藏处理。使用"矩形工具"在直线段上方绘制一个与背景矩形等大的矩形。将该矩形与编组直线段选中，使用快捷键Ctrl+7创建剪切蒙版，将直线段多余区域进行隐藏处理。

步骤/11 效果如图所示。

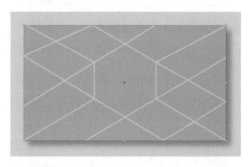

步骤/12 将版面中间的正六边形选中，使用快捷键Ctrl+C进行复制，使用快捷键Ctrl+F进行原位粘贴。在控制栏中设置"填充"为无，"描边"为浅灰色，"粗细"为3pt。设置完成后将光标放在定界框一角，按住Shift+Alt键的同时按住鼠标左键，将图形进行等比例放大。

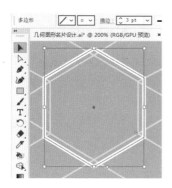

步骤/13 在六边形内部添加文字。选择工具箱中的"文字工具"，在六边形内部输入文字。在控制栏中设置"填充"为非常浅的青色，"描边"为无，同时设置合适的字体、字号，单击"居中对齐"按钮。

步骤/14 对文字的行间距进行调整。将文字选中，在打开的"字符"面板中设置"行间距"为16pt。此时文字之间的行距被适当调小。

步骤/15 效果如图所示。

2.制作名片正面

步骤/01 名片背面效果制作完成后，接下来制作名片正面。将制作完成的名片背面背景矩形复制一份，放在版面右下角位置，并在控制栏中将其填充更改为浅灰色。

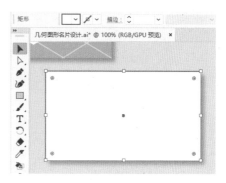

步骤/02 在浅灰色矩形的左侧添加文字。选择工具箱中的"文字工具"，在版面左侧单击输入文字。在控制栏中设置"填充"为黑色，"描边"为无。

步骤/03 使用"文字工具"，在已有文字下方单击输入其他文字。

步骤/04 在"字符"面板中单击"全部大写

字母"按钮，将文字字母全部调整为大写形式。

步骤/05 在文字左侧添加小矩形，丰富细节效果。选择工具箱中的"矩形工具"，在控制栏中设置"填充"为黑色，"描边"为无。设置完成后在文字左侧绘制一个小矩形。

步骤/06 在浅灰色矩形底部添加段落文字。选择工具箱中的"文字工具"，在矩形底部按住鼠标左键拖动绘制文本框，然后在文本框中输入合适的文字。在控制栏中设置"填充"为黑色，"描边"为无，同时设置合适的字体、字号，单击"左对齐"按钮。

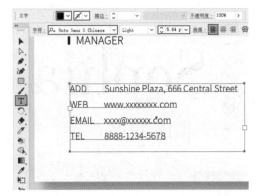

步骤/07 使用"矩形工具"，在段落文字中间部位绘制小矩形作为分割线，丰富视觉效果。

ADD | Sur
WEB ww`

步骤/08 将小矩形分割线选中，按住Shift+Alt键的同时按住鼠标左键向下拖动，这样可以保证图形在垂直线上移动。至第二行文字空白位置时释放鼠标，即可将小矩形快速复制一份。

ADD | Sur
WEB | ww`

步骤/09 在当前复制状态下，使用两次快捷键Ctrl+D，先将小矩形进行相同移动距离，再将小矩形进行相同移动方向的复制。

ADD | Sunshir
WEB | www.xx
EMAIL| xxxx@x
TEL | 8888-12

步骤/10 将在版面中间部位的两个正六边形和文字复制，一份放在名片正面的右侧位置，同时将浅青色的六边形选中，在控制栏中设置"填充"为无，"描边"为浅灰色，"粗细"为2pt。

步骤 11 本案例制作完成，效果如图所示。

6.2 健身馆业务宣传名片设计

6.2.1 设计思路

案例类型：

本案例是健身馆业务宣传名片设计项目。

项目诉求：

健身馆是挥洒汗水的运动场所，要给运动的人们传达一种力量、健康、向上的感受。与此同时健身馆的整体布局色调也偏向于暖色调，可以让画面看起来更加健康且富有活力。

设计定位：

根据健身馆特征，设计之初就将其定位为活力、动感、积极的风格。为了表现这种风格，我们选择了明度和纯度都比较高的黄色，使画面更加醒目。同时搭配直观醒目的健身图像，使消费者第一时间就能够准确了解到宣传信息的内涵。

6.2.2 配色方案

对于消费者而言，健身应给人活力、阳光、积极的感受，所以本案例采取了纯度比较高的黄色搭配无彩色的黑色，这种颜色搭配方式既可以避免颜色过亮带来的视觉刺眼感，同时又打破了无彩色的平铺直叙，使画面更加灵动洒脱。

主色：

黄色通常给人轻快、阳光、积极的感受，而黄色的种类也有很多，柠檬黄艳丽而激越，阳橙色则充满活力。介于这两者之间的中黄则兼两者特色，在给人以积极向上之感的同时也不乏醇厚与力量，所以本案例选择将中黄作为主色。

辅助色：

名片整体以明度较高的中黄色为主，但如果大面积使用，不免会让人产生视觉疲劳，而且画面也容易缺乏层次，因此选择黑色作为辅助色。在黑色的衬托下，黄色部分显得更加生动活泼，同时黑色也给人以后退之感，两者搭配更容易产生空间立体感。

点缀色：

由于名片将健身图像作为展示主图，所以画面中必然增加了多种颜色。但是好在素材整体色调比较统一，并且呈现暖调，与黄色图形搭配在一起相得益彰。

为了避免画面出现过多颜色，我们将白色作为点缀色。这样可以起到很好的调节作用，使版面不会显得太闷。

其他配色方案：

除了充满力量感和生命力的黄色之外，还

可以选择灵动的蓝色或自然感的淡绿色，以便面向不同的消费群体。当然如果更换了主色调，相对应的照片素材也需要更换为与色调更为匹配的图片。

6.2.3 版面构图

名片正面主要由照片和色块构成，照片部分的明度相对较低，所以呈现出空间上的后置。颜色深浅不同的几何色块呈现出一定的空间感，并且将版面有效地分割为两个部分。名片背面的摆放方式相对简单一些，利用颜色不同的图形将版面分割为两大部分，健身馆的特色项目名称摆放在版面中央，直观醒目。

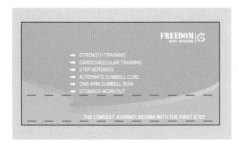

将左侧几何图形区域放大到与版面等高，产生的分隔式构图，使健身馆的名称标志部分更为突出。除此之外，还可以去掉右侧的矩形色块，将画面左右两个部分的文字信息全部放在左侧，这样可使画面更加简洁利落。

6.2.4 同类作品欣赏

6.2.5 项目实战

操作步骤：

1.制作名片背面

步骤/01 执行"文件>新建"命令，新建一个"宽度"为95mm，"高度"为45mm的横向空白文档。将人像素材"1.jpg"置入，将其适当缩小后放在新建画板上方。

步骤/02 置入的素材有超出画板的部分，需要将多余区域进行隐藏处理。选择工具箱中的"矩形工具"，绘制一个与画板等大的矩形。接着将矩形与底部素材选中，使用快捷键Ctrl+7创建剪切蒙版，将素材中不需要的部分进行隐藏。

步骤/03 在图像上绘制不同形状的色块进行装饰。选择工具箱中的"矩形工具"，在控制栏中设置"填充"为土黄色，"描边"为无。设置完成后在素材底部绘制一个长条矩形。

步骤/04 对矩形形状进行调整。在矩形选中状态下，选择工具箱中的"直接选择工具"，将矩形左下角的锚点选中，按住Shift键的同时按住鼠标左键将其向右拖动，制作出不规则的四边形。

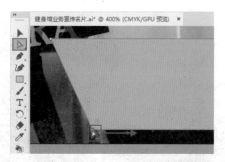

步骤/05 使用"矩形工具"，在素材左侧绘制矩形，并使用同样的方法对矩形形态进行调整。

步骤/06 制作两个色块之间的折叠阴影效果。选择工具箱中的"钢笔工具"，在控制栏中设置"填充"为灰色，"描边"为无。设置完成后在两个不规则图形连接部位绘制一个三角形。

步骤/07 为三角形添加渐变色。将三角形选中，在打开的"渐变"面板中设置"类型"为"线性渐变"，"角度"为-132°。设置完成后编辑一个黑白灰色系的渐变。

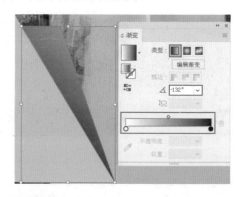

步骤/08 将三角形选中，在打开的"透明度"面板中设置"不透明度"为30%。

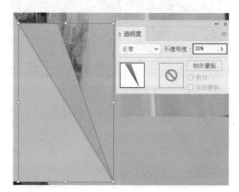

步骤/09 在左侧色块上方添加二维码。打开素材"2.ai"，将二维码素材选中，使用快捷键Ctrl+C进行复制。然后回到当前操作文档，使用快捷键Ctrl+V进行粘贴，将其摆放在左侧色块上方。

步骤/10 制作标志。选择工具箱中的"文字工具"，在二维码素材下方单击输入文字。在控制栏中设置"填充"为白色，"描边"为无，同时设置合适的字体、字号。继续使用该工具，在已有文字底部单击输入其他文字。

步骤/11 效果如图所示。

步骤/12 在文字右侧添加一个直线段作为分割线。选择工具箱中的"直线段工具"，在控制栏中设置"填充"为无，"描边"为白色，"粗细"为1pt。设置完成后在文字右侧按住Shift键的同时按住鼠标左键，拖动绘制一条直线段。

步骤/13 制作直线段右侧的圆形图形。选择工具箱中的"钢笔工具"，在控制栏中设置"填充"为无，"描边"为白色，"粗细"为1pt。同时单击"描边"按钮，在下拉面板中设置"端点"为"圆头端点"。设置完成后在直线段右侧绘制一个弧形。使用同样的方式，在已有弧线右侧绘制另外两条弧线。

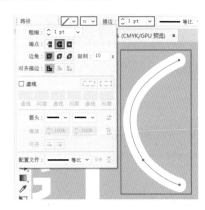

步骤/14 效果如图所示。

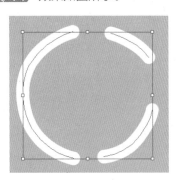

步骤/15 需要将线路径描边转换为图形对象，这样在进行放大与缩小操作时，图形不会发生变形。将三条路径选中，执行"对象>扩展"命令，在弹出的"扩展"对话框中单击"确定"按钮。

步骤/16 效果如图所示。

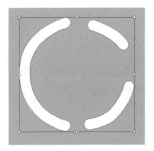

步骤/17 在弧线组成的圆环内部添加正圆。选择工具箱中的"椭圆工具"，在控制栏中设置"填充"为白色，"描边"为无。设置完成后在弧线中央位置按住Shift键的同时按住鼠标左键，拖动绘制一个正圆。

步骤/18 使用同样的方法，在弧线周围再次绘制两个正圆形。

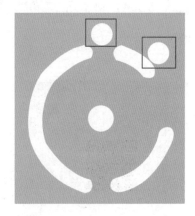

步骤/19 在弧线中间的正圆右侧添加圆角矩形。选择工具箱中的"圆角矩形工具"，在控制栏中设置"填充"为白色，"描边"为无，"圆角半径"为0.134mm。设置完成后在白色正圆右侧绘制图形。

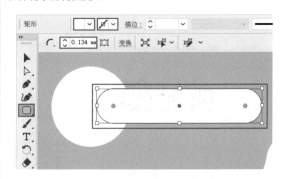

步骤/20 继续使用该工具，在白色正圆上方绘制一个稍小一些的圆角矩形。将构成圆形图形的所有图形选中，使用快捷键Ctrl+G进行编组。

步骤/21 将编组的圆形图形选中，在控制栏中设置"描边"为白色，"粗细"为0.25pt。让图形的视觉效果更加饱满。

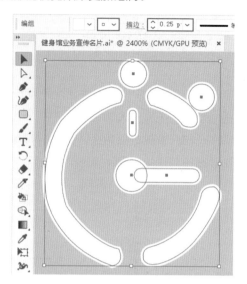

步骤/22 此时健身馆的标志制作完成。

步骤/23 在文档底部的色块上方添加文字。选择工具箱中的"文字工具"，在控制栏中设置合适的填充颜色、字体、字号。设置完成后在底部色块上方单击输入文字。

步骤/24 在文字右侧添加标识图形，丰富细节效果。打开素材"2.ai"，将三个图形选中，使

用快捷键Ctrl+C进行复制。然后回到当前操作文档，使用快捷键Ctrl+V进行粘贴，并摆放在文字右侧位置。

2.制作名片正面

步骤/01 选择工具箱中的"画板工具"，在文档空白位置绘制一个与名片背面效果图等大的画板。

步骤/02 选择工具箱中的"矩形工具"，在控制栏中设置"填充"为土黄色，"描边"为无。设置完成后绘制一个与画板等大的矩形。

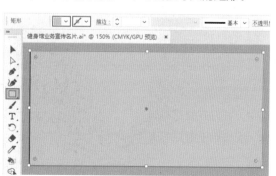

步骤/03 在背景矩形上方添加不规则图形。选择工具箱中的"钢笔工具"，在控制栏中设置"填充"为灰色，"描边"为无。设置完成后在背景矩形上方绘制图形。

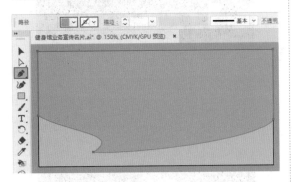

步骤/04 为灰色图形填充渐变色。将图形选中，在打开的"渐变"面板中设置"类型"为"线性渐变"，"角度"为-150°。设置完成后编辑一个黑白灰色系渐变。

步骤/05 效果如图所示。

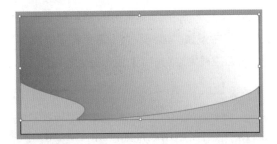

步骤/06 将图形选中，在打开的"透明度"面板中设置"不透明度"为30%。

步骤/07 效果如图所示。

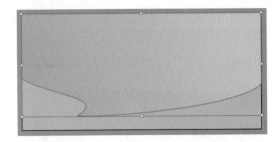

步骤/08 将黑白灰渐变图形选中，使用快捷键Ctrl+C进行复制，使用快捷键Ctrl+F进行原位粘贴。在控制栏中设置"填充"为稍深一些的土黄色，"不透明度"为100%。然后将图形适当缩小，将底部的渐变图形显示出来，增强版面的层次感。

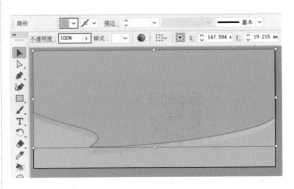

步骤/09 在文档中添加文字。选择工具箱中的"文字工具"，在正面画板中间部位单击输入文字。在控制栏中设置"填充"为白色，"描边"为无，同时设置合适的字体、字号，单击"左对齐"按钮。

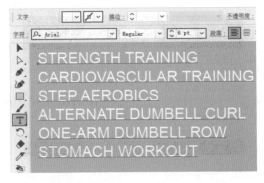

步骤/10 对文字的行间距进行调整。将文

字选中，在打开的"字符"面板中设置"行间距"为9pt。

步骤 11 此时可以看到文字的行间距被加宽。

STRENGTH TRAINING
CARDIOVASCULAR TRAINING
STEP AEROBICS
ALTERNATE DUMBELL CURL
ONE-ARM DUMBELL ROW
STOMACH WORKOUT

步骤 12 绘制箭头形状。选择工具箱中的"多边形工具"，在控制栏中设置"填充"为白色，"描边"为无。设置完成后在版面空白位置单击，在弹出的"多边形"对话框中设置"半径"为1.5mm，"边数"为3。设置完成后单击"确定"按钮。

步骤 13 效果如图所示。

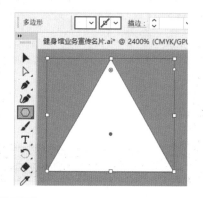

步骤 14 对三角形进行适当的旋转，使其顶角朝右。将三角形选中，单击鼠标右键，在弹

出的快捷菜单中选择"变换>旋转"命令，在弹出的"旋转"对话框中设置"角度"为-90°。设置完成后单击"确定"按钮。

步骤 15 效果如图所示。

步骤 16 选择工具箱中的"矩形工具"，在控制栏中设置"填充"为白色，"描边"为无。设置完成后在三角形左侧绘制图形，共同组成一个完整的箭头形状。

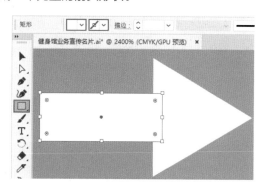

步骤 17 将绘制完成的三角形和矩形选中，在打开的"路径查找器"面板中单击"联集"按钮，将其合并为一个图形。

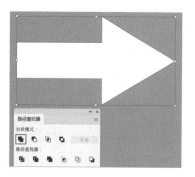

步骤/18 将绘制完成的箭头图形选中，适当缩小后放在画板中文字左侧位置。

步骤/19 按住Shift+Alt键的同时按住鼠标左键往下拖动，这样可以保证图形在同一垂直线上方移动。至下方第二行文字左侧位置时释放鼠标，将箭头图形快速复制一份。

步骤/20 使用4次快捷键Ctrl+D，将图形进行相同移动方向、相同移动距离的复制。

步骤/21 将名片背面效果中的标志文字以及图形选中，复制一份放在正面画板的右上角位置。

步骤/22 使用"文字工具"，在控制栏中设置合适的填充颜色、字体、字号。设置完成后

在正面画板底部单击输入文字，此时名片的正面制作完成。

3.制作名片展示效果

步骤/01 选择工具箱中的"画板工具"，绘制一个大小合适的空白画板。将背景素材"3.jpg"置入，调整大小，使其充满整个版面。

步骤/02 将制作完成的名片正面效果图所有图形以及文字选中，复制一份放在木质背景素材上方，并使用快捷键Ctrl+G进行编组。

步骤/03 为编组的名片正面添加投影，增强层次感。将编组图形选中，执行"效果>风格

化>投影"命令，在打开的"投影"对话框中，设置"模式"为"正片叠底"，"不透明度"为75%，"X位移"为1mm，"Y位移"为1mm，"模糊"为0.5mm，"颜色"为黑色。设置完成后单击"确定"按钮。

步骤/04 效果如图所示。（由于木质纹理素材与投影颜色比较接近，效果不是很明显，在操作时需要仔细观察。）

步骤/05 将制作完成的名片正面复制一份，并进行适当旋转。

步骤/06 使用同样的方法，制作名片背面的展示效果。

第 7 章

海报中的图形创意

海报是商家向人们传递信息的一个重要途径，一张好的海报可以促进商品销售，同时也可以增加商品知名度。那么海报最重要的作用是什么呢？当然就是吸引消费者。所以，简单来说海报设计是为达到某种宣传效果或传递某种信息而进行的艺术设计。海报的构成元素有色彩、构图、文字和创意等，在制作海报招贴设计时，力求海报造型精巧、图案新颖、色彩明朗、文字鲜明。

7.1 数字图形海报设计

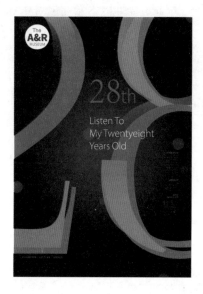

7.1.1 设计思路

案例类型：

本案例是一个音乐会宣传海报设计项目。

项目诉求：

本案例是为某历史悠久的音乐会设计的宣传海报。第28届音乐会，以"聆听我的28岁"为主题，聆听走过28年岁月的音乐会的心路历程。这不仅是一次普通的音乐会，更是一次舞台的纪念。在海报中结合文字是较为常见的设计技巧，更容易传递信息。

设计定位：

根据诉求要求，画面需要强调"28"这个概念。可以采用的方式很多，例如可以尝试将"28"放大，以超出画面的比例展示。多层次重叠的方式可以增强画面层次感，另外也可以尝试重复多次出现该文字，以起到强调的作用。

7.1.2 配色方案

海报画面元素类型较少，构成比较简单。在配色上也选择了比较简单直接的方法，选择了几种相邻的颜色相互搭配。

主色：

海报主色采用了明度较低的紫红色，大面积使用这种色彩可以营造出高雅、气质、神秘的氛围。本案例将明度较低的紫红色系渐变作为背景，外深内浅，不仅奠定了海报的基调，还为画面营造出了一定的空间感。

辅助色：

确定深紫红色为主色后，海报从邻近色彩中选择与之接近的较为艳丽、绚烂的洋红色作为辅助色。明度不同的洋红色在深紫红色的衬托下，显得更加娇艳、明丽。

从色彩空间感来说，暗色本身就有后退感，而亮色则具有前进感，使用鲜艳夺目的颜色作为重点突出部分的颜色是非常合适的。

点缀色：

当主色和辅助色比较接近时，可以营造出色调统一的画面。而如果画面使用的色彩过于接近，则很容易出现单调或者内容辨识不清的问题。所以可以选择具有一定反差的点缀色。例如本案例选择了橙黄色作为点缀色，小面积的橙色文字及小面积的橙黄色图形的出现，既可以强调重点，又可以为画面带来一些亮点。

其他配色方案：

本案例也可以采用深紫色与黑色作为主色，使画面更具神秘感。点缀少量的橙色文字，在与紫色的强烈对比中，更加清晰地传达信息。在仍然保留暗调的前提下，可以将颜色倾向调整到橙红色系，热情而奔放。还可尝试高明度的画面，以浅灰色作为底色，图形以暖黄色呈现，寓意28年风雨历程中满载的收获。

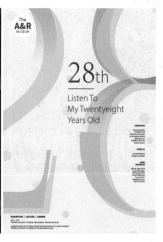

7.1.3　版面构图

本案例以数字"28"为主体图形，冲破版面的"28"交错叠放，更具创意与美感。版面中的文字均采用了垂直排列的排版方式，演唱会的主要信息罗列在版面中心，具有很强的视觉聚拢感。而罗列在版面四周的其他信息，既增强了版面的活跃度，同时又填补了大面积留白的空缺感。

7.1.4 同类作品欣赏

7.1.5 项目实战

操作步骤:

1.制作海报背景

步骤/01 新建一个大小合适的竖向空白文档。选择工具箱中的"矩形工具",在控制栏中设置任意的"填充"颜色,"描边"为无。设置完成后绘制一个与画板等大的矩形。

步骤/02 为矩形填充渐变色。将矩形选中,在打开的"渐变"面板中设置"类型"为"径向渐变","角度"为0°。设置完成后编辑一个由紫红色到黑色的渐变。

步骤/03 效果如图所示。

步骤/04 从案例效果中可以看出,在版面左右两侧边缘呈现的是数字2和数字0的局部,因此需要在版面中输入完整数字,再借助工具箱中的"美工刀工具"将数字进行分割。选择工具箱中的"文字工具",在文档空白位置输入数字2。在控制栏中设置"填充"为白色,"描边"为无。

步骤/05 将输入的数字2选中,执行"对象>扩展"命令,在弹出的"扩展"对话框中单击"确定"按钮,将文字对象转换为图形对象。

步骤/06 对数字2进行分割。将数字2选中,选择工具箱中的"美工刀工具",按住Shift+Alt键的同时按住鼠标左键,在数字中间部位自上向下垂直拖动。

步骤/07 释放鼠标即可完成分割操作，此时在数字上方出现了分割线。

步骤/08 将分割的数字2选中，单击鼠标右键，在弹出的快捷菜单中选择"取消编组"命令，将编组取消。使用"选择工具"将各部分选中，进行移动即可将其分离开。

步骤/09 继续使用"文字工具"，在版面空白位置输入数字0。在控制栏中设置合适的填充颜色、字体、字号。

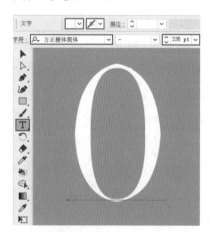

步骤/10 将数字0选中，将光标放在定界框右侧的控制点上方，按住鼠标左键向右拖动，将数字0横向拉宽。

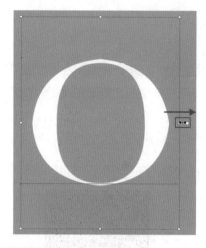

步骤/11 执行"对象>扩展"命令，将数字0转换为图形对象。将数字0复制一份，放在画板外以备后面操作使用。

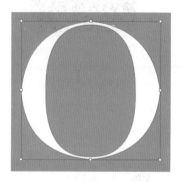

步骤/12 对数字0进行分割。将数字0选中，选择工具箱中的"美工刀工具"，按住Shift+Alt键的同时按住鼠标左键，在数字上方自左向右拖动进行分割。

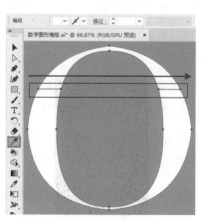

步骤/13 继续使用该工具，在数字0上方自上向下拖动进行分割。

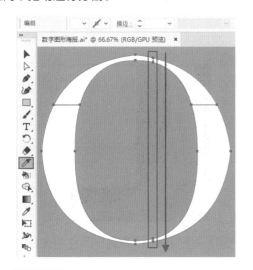

步骤/14 将数字0选中，单击鼠标右键，在弹出的快捷菜单中选择"取消编组"命令。使用"选择工具"，将数字0的各个部分分离开。

步骤/15 将复制得到的数字0选中，使用同样的方法，将其从中间一分为二。

步骤/16 将切分后的数字2的局部选中，适当旋转后放在画板左上角位置，同时使用"直接选择工具"对其形状进行调整。在控制栏中设置"填充"为洋红色。

步骤/17 在洋红色图形上方继续添加图形。选择工具箱中的"钢笔工具"，在控制栏中设置任意的"填充"颜色，"描边"为无。设置完成后在洋红色图形上方绘制不规则图形。

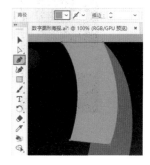

步骤/18 为橙色图形填充渐变色。将图形选中，在打开的"渐变"面板中设置"类型"为"线性渐变"，"角度"为-90°。设置完成后编辑一个由橙色到透明的渐变，同时设置左侧滑块的"不透明度"为60%。

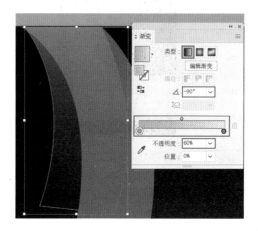

步骤/19 将数字2的右下角部位选中，调整大小与形状，将其放在画板左下角部位。

步骤/20 对紫色图形填充渐变色。将图形选中，在打开的"渐变"面板中设置"类型"为"线性渐变"，"角度"为0°。设置完成后编辑一个洋红色系渐变。

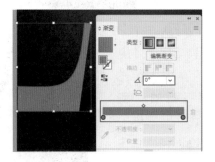

步骤/21 选择工具箱中的"钢笔工具"，在控制栏中设置"填充"为洋红色，"描边"为无。设置完成后在紫色渐变图形下方绘制一个不规则图形。

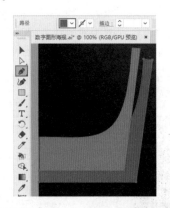

步骤/22 将数字0的左下角的分割图形选中，对其大小以及形状适当调整后放在版面右上角位置。在控制栏中设置"类型"为"线性渐

变"，"角度"为0°。设置完成后编辑一个橙色系渐变，同时设置左侧滑块的"不透明度"为80%，右侧滑块的"不透明度"为70%，增强图形的层次感。

步骤/23 使用"钢笔工具"，在控制栏中设置"填充"为洋红色，"描边"为无。设置完成后在橙色渐变图形上方绘制一个不规则图形，丰富视觉效果。

步骤/24 将橙色渐变图形选中，复制一份放在洋红色图形上方位置。接着对其大小以及形状进行适当调整，使其具有一定的变化，不至于过于呆板。在控制栏中设置"填充"为稍浅一些的粉色。

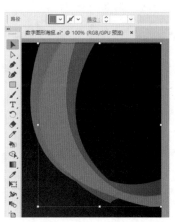

步骤/25 将在画板外的半个数字0图形选中，调整大小与形状并放在版面右侧位置，在控制栏中设置"填充"为洋红色。

步骤/26 使用"钢笔工具"，在控制栏中设置任意的"填充"颜色，"描边"为无。设置完成后在洋红色图形上方绘制图形。

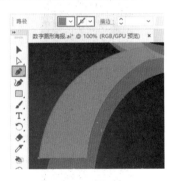

步骤/27 对橙色图形填充渐变色。将图形选中，在打开的"渐变"面板中设置"类型"为"线性渐变"，"角度"为-90°。设置完成后编辑一个由橙色到透明的渐变，同时设置左侧滑块的"不透明度"为60%。

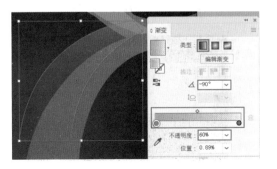

步骤/28 使用同样的方式，在画板左下角的洋红色图形上方继续添加图形，并在"渐变"面板中设置相应的渐变色，丰富版面视觉效果。

步骤/29 再次绘制另外一个相似的图形。

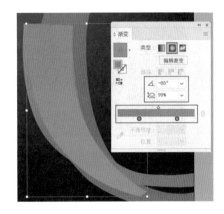

2.制作海报文字

步骤/01 制作主标题文字。选择工具箱中的"文字工具"，在版面上半部分图形之间的空白位置输入文字。在控制栏中设置"填充"为橘色，"描边"为无，同时设置合适的字体、字号。

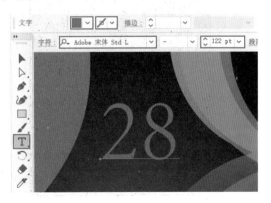

步骤/02 继续使用"文字工具"，在已有文字右侧和下方输入其他文字。

步骤/03 选择工具箱中的"矩形工具"，在控制栏中设置"填充"为棕色，"描边"为无。设置完成后在文字中间部位绘制一个长条矩形作为分割线。

步骤/04 在文档右侧输入段落文字。选择工具箱中的"文字工具"，在画板右侧按住鼠标左键拖动绘制文本框，然后在文本框内输入合适的文字。在控制栏中设置"填充"为深紫色，"描边"为无，同时设置合适的字体、字号，单击"右对齐"按钮。

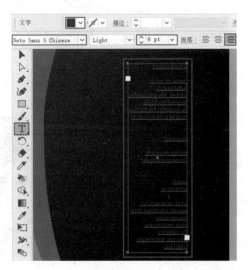

步骤/05 对文字形态进行调整。将段落文字选中，在打开的"字符"面板中设置"行间距"为8pt，将文字间距适当加大。"单击全部大写字母"按钮，将文字字母全部调整为大写形式。

步骤/06 效果如图所示。

步骤/07 对段落文字中的标题文字颜色进行更改。在"文字工具"使用状态下，在控制栏中设置合适的字体样式，设置"填充"为稍浅一些的紫色。

步骤/08 在标题文字选中状态下，在"字符"面板中单击"下划线"按钮，为文字添加下划线，将其突显出来。

步骤/09 使用同样的方法，对其他标题文字进行操作。

步骤/10 继续使用"文字工具"，在画板左下角位置添加文字，填补留白的空缺感。

步骤/11 在文档左上角制作圆形标志，绘制标志呈现的圆形载体。选择工具箱中的"椭圆工具"，在控制栏中设置"填充"为白色，"描边"为无。设置完成后在版面左上角按住Shift键的同时按住鼠标左键，拖动绘制一个正圆。

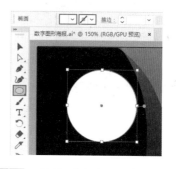

步骤/12 使用"文字工具"，在正圆上方输入文字，在控制栏中设置合适的填充颜色、字体、字号。

步骤/13 在文档中添加透明圆形光晕，丰富细节效果。选择工具箱中的"椭圆工具"，在控制栏中设置任意的"填充"颜色，"描边"为无。设置完成后在数字"28"左下角绘制一个小正圆。

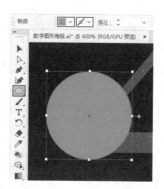

步骤/14 为橙色正圆添加渐变色。将正圆选中，在打开的"字符"面板中设置"类型"为"线性渐变"，"角度"为0°。设置完成后编辑一个橙色系渐变，同时设置左侧滑块的"不透明度"为80%，右侧滑块的"不透明度"为70%。

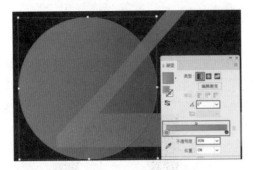

步骤/15 将该正圆选中，在控制栏中设置"不透明度"为23%。

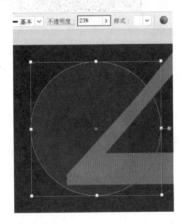

步骤/16 继续使用"椭圆工具"，在版面其他位置绘制正圆，同时设置合适的不透明度。至此海报制作完成。

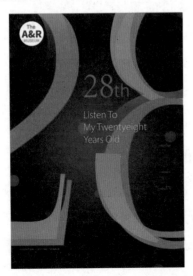

7.2 艺术展宣传海报设计

7.2.1 设计思路

案例类型：

本案例是一个艺术展宣传海报的设计项目。

项目诉求：

该艺术展以"观念融合"作为切入点，通过展示当代艺术家的实验性作品，呈现东方与西方、传统与现代、当下与未来之间的思想交融与文化渗透。海报要求与主题相吻合，能够激发观众对展览的观看兴趣，以此来提升展览传播效应。

设计定位：

根据艺术展特点以及要求，该展览的海报应具有艺术感、大气、前卫的视觉感受。画面内容上采用了具有冲突感的两种元素：大卫是西方雕塑艺术的代表作品，而泼墨则是很有代表性的中国传统文化符号。将西方雕塑与东方泼墨元素相结合，同时搭配了极具现代感的字体，在文化融合的基础上更添时代气息。

7.2.2　配色方案

黑白灰是经典的搭配方式，无彩色搭配可以营造出大气、稳重、高级、时尚的艺术氛围。为避免灰度画面可能产生的枯燥感，在画面中添加了些许其他颜色的小元素，以此来增强版面的节奏性与韵律感。

主色：

本案例将从雕像中提取出的高明度的灰色作为主色，将现代、包容、大气等的特性化作为整个画面的底色。同时搭配不同明度的灰色，增加了版面的视觉层次感。

辅助色：

如果画面中的灰色明度过于接近，就会给人以模糊不清，重点不突出之感。所以，画面辅助以黑色，使黑色与灰色产生鲜明的对比。黑色是一种最具包容性的颜色，无论与何种颜色搭配，都能够相得益彰。同时黑色还是中国泼墨的颜色，可以很好地体现艺术展"融合"的主题。

点缀色：

画面中如果缺少亮色就会使人产生一种压抑的感觉，所以本案例添加了一些白色和土黄色的元素以提亮画面。白色主要应用于主文案中，营造立体感的同时增强视觉吸引力，而稳重、质朴的土黄色则增加了海报的视觉张力。

其他配色方案：

以暗调为主色的画面更添神秘感，无彩色中的黑色就是一种非常适合作为背景的颜色。也可以选择使用浅一些的土黄色作为背景色，更具包容感。除此之外，还可以尝试更加"大胆"的色彩，例如青绿色作为主色调。为了避免高纯度的色彩带来的"廉价感"，可以适当降低明度和纯度，以展现出浓厚深沉之感。

7.2.3 版面构图

本案例版面比较简单，以中垂线进行分割。海报左侧以左对齐排列的文字为主，立体文字以较大字号占据版面的大部分面积，更具视觉吸引力。而排列在版面其他部位的文字，增强了版面的活跃度。将右侧的雕塑与黑色不规则图形结合，点明主题的同时也丰富了整体视觉效果。

读者也可以尝试将石膏雕塑及其周边元素放大，作为画面主体物并居中摆放，文字信息可以以对称的方式摆放在底部。这种中规中矩的构图方式虽然比较普通，但对于以图像展示为主的海报而言，也是非常简单实用的。

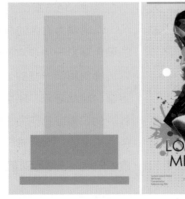

7.2.4 同类作品欣赏

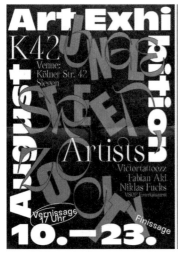

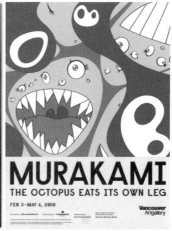

7.2.5 项目实战

操作步骤：

1.制作海报背景

步骤/01 新建一个大小合适的竖向空白文档。选择工具箱中的"矩形工具"，在控制栏中设置"填充"为灰色，"描边"为无。设置完成后绘制一个与画板等大的矩形。

步骤/02 在灰色矩形上方添加圆形斑点。选择工具箱中的"椭圆工具"，在控制栏中设置"填充"为黑色，"描边"为无。设置完成后在灰色矩形左上角按住Shift键的同时按住鼠标左键，拖动绘制一个小正圆。

步骤/03 将正圆选中，按住Shift+Alt键的同时按住鼠标左键向右拖动，这样可以保证图形在水平线上移动。至右侧合适位置时释放鼠标，即可将图形快速复制一份。

步骤/04 在当前复制状态下，多次使用快捷键Ctrl+D将正圆进行相同移动距离与相同移动方向的复制。

步骤/05 将所有小正圆选中，使用快捷键Ctrl+G进行编组。然后将编组图形复制一份，放在画板底部。

步骤/06 在上下正圆之间创建混合，制作圆形斑点图案。将顶部的编组正圆选中，双击工具箱中的"混合工具"，在弹出的"混合选项"对话框中设置"间距"为"指定的步数"，"步数"为62。设置完成后单击"确定"按钮。

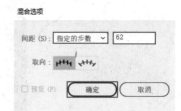

步骤/07 在"混合工具"使用状态下，在顶部编组图形上方单击，确定混合起点位置。

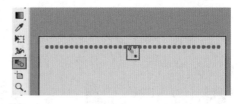

步骤/08 在底部编组图形上方单击，确定混合终点位置。

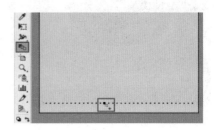

步骤/09 此时可以看到在上下编组图形中间出现了设置好的图形，即圆形斑点图案制作完成。

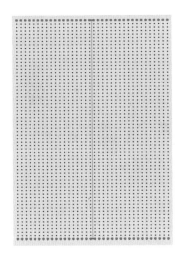

步骤/10 将图案选中，在打开的"透明度"面板中设置"不透明度"为10%。

步骤/11 效果如图所示。

步骤/12 制作版面右侧的人像水墨背景。选择工具箱中的"钢笔工具"，在控制栏中设置"填充"为黑色，"描边"为无。设置完成后在版面右侧绘制一个不规则图形。

步骤/13 在黑色不规则图形左上角绘制水墨图案。选择工具箱中"画笔工具"，在控制栏中设置"填充"为无，"描边"为黑色，"粗细"为1pt。执行"窗口> 画笔库> 艺术效果>艺术效果_油墨"命令，在弹出的"艺术效果_油墨"面板中选择合适的画笔类型。

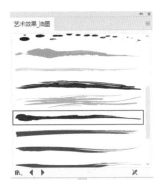

步骤/14 在"画笔工具"使用状态下，在黑色不规则图形左上角，按住鼠标左键拖动绘制水墨图形。

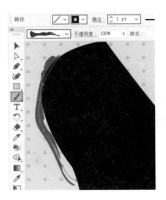

步骤/15 继续使用"画笔工具"，在不规则图形左侧添加水墨图案。为了增强视觉层次感，在操作时可以对图案的"不透明度"适当调整。

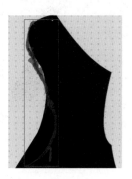

步骤/16 在不规则图形上方添加油墨斑点。继续使用"画笔工具"，在控制栏中设置"填充"为无，"描边"为黑色，"粗细"为4pt，在打开的"艺术效果_油墨"面板中选择合适的画笔类型。

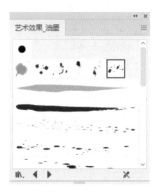

步骤/17 设置完成后在文档中拖动鼠标绘制水墨图案。

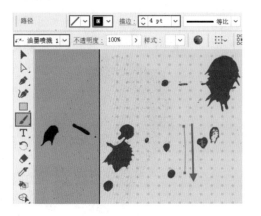

步骤/18 由于画笔水墨斑点图案是不规则的，需要进行调整。将图案选中，执行"对象>扩展外观"命令，将图案转换为可以进行操作的图形对象。单击鼠标右键，在弹出的快捷菜单中选择"取消编组"命令，将图案的编组取消。

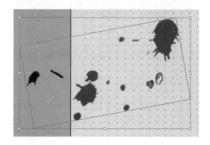

步骤/19 在水墨斑点图案选中状态下，将其填充更改为深灰色，同时进行适当旋转，将其摆放在黑色不规则图形上方。使用同样的方法，在版面中添加不同类型的水墨图案，营造浓浓的古典艺术气息。

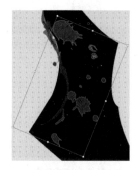

步骤/20 水墨图案的制作没有固定的样式，本案例也只是提供一个参考效果。因此，在进行操作时要重点掌握方法，只要呈现效果与整体格调相一致且具有视觉美感即可。

步骤/21 添加水墨喷溅图案。执行"窗口>符号库>污点矢量包"命令，在打开的"污点矢量包"面板中选择合适的污点矢量包。按住鼠标左键，将其拖动至文档空白位置。

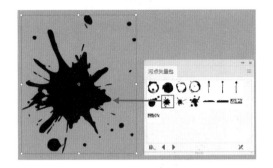

步骤/22 需要对添加的污点矢量图形进行填充颜色的更改。将图案选中，在控制栏中单击"断开链接"按钮，将图案的链接断开。

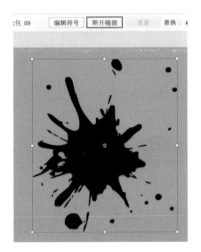

步骤/23 在控制栏中将其填充为棕色，并放置在黑色不规则图形的左下角位置。

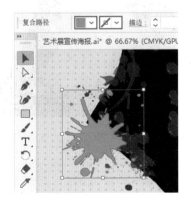

步骤/24 在版面右侧添加小正圆，丰富细节效果。选择工具箱中的"椭圆工具"，在控制栏中设置"填充"为棕色，"描边"为无。设置完成后在水墨图案上方，按住Shift键的同时按住鼠标左键，拖动绘制一个小正圆。

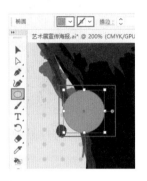

步骤/25 使用"椭圆工具"，在版面中绘制不同颜色与大小的正圆。

2.制作主体图形

步骤/01 将人像素材"1.png"置入，调整大小并放在文档空白位置。

步骤/02 将人像进行像素化处理。将人像素材选中，单击控制栏中"图像描摹"右侧的下拉按

钮，在弹出的下拉菜单中选择"灰阶"命令。

步骤/03 将图像进行像素化描摹处理。

步骤/04 将人像进行描摹的同时，也为其增添了白色背景，需要将其去除。将带有白色背景的人像选中，在控制栏中单击"扩展"按钮。

步骤/05 将其调整为可操作的图形对象。

步骤/06 将白色背景去除。将扩展后的人像素材选中，单击鼠标右键，在弹出的快捷菜单中选择"取消编组"命令，将图像的编组取消。使用"选择工具"将白色背景选中，按键盘上的Delete键将其删除，同时将人像摆放在水墨斑点图案上方。

步骤/07 制作人像素材上方的白色混合曲线效果。选择工具箱中的"钢笔工具"，在控制栏中设置"填充"为无，"描边"为白色，"粗

细"为0.1pt。设置完成后在文档空白位置绘制曲线。

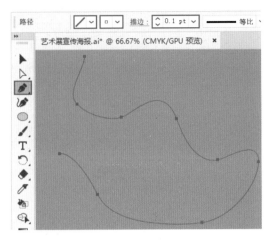

步骤/08 继续使用该工具，在已有曲线上方再次绘制一个相同颜色与粗细的曲线。

步骤/09 对两条曲线进行混合，使其呈现出立体感。将其中一条曲线选中，双击工具箱中的"混合工具"，在弹出的"混合选项"对话框中设置"间距"为"指定的步数"，"步数"为50，"取向"为"对齐页面"。设置完成后单击"确定"按钮。

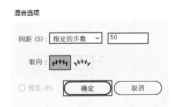

步骤/10 在"混合工具"使用状态下，在选中的曲线上方单击，确定混合的起点位置。

在另外一条曲线上方单击，确定混合的终点位置。此时在两条曲线之间就出现了设置好的曲线数量。

步骤/11 将制作完成的混合图形选中，并复制一份。将复制得到的图形适当缩小并旋转后放在人像素材顶部位置，同时注意图层顺序的调整。

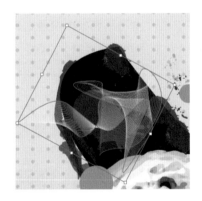

步骤/12 将在画板外的混合图形选中，适当缩小后放在人像素材下方。同时调整图层顺序，摆放在人像后面。

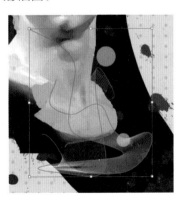

3.制作海报文字

步骤/01 制作主标题文字。选择工具箱中的"文字工具"，在文档空白位置输入文字，在控制栏中设置"填充"为白色，"描边"为无，同时设置合适的字体、字号，单击"左对齐"按钮。

步骤/02 对文字形态进行调整。将文字选中，在打开的"字符"面板中设置"行间距"为130pt，将文字的行间距缩小，让文字紧凑一些。单击"全部大写字母"按钮，将文字字母全部设置为大写形式。

步骤/03 将输入的文字选中，执行"对象>扩展"命令，在弹出的"扩展"对话框中单击"确定"按钮，将文字对象转换为图形对象。

步骤/04 制作立体文字效果。在文字选中状态下，使用快捷键Ctrl+F进行原位粘贴。在打开的"渐变"面板中设置"类型"为"线性渐变"，"角度"为-90°。设置完成后编辑一个黑白色系渐变。

步骤/05 将渐变文字适当地向左上角移动，将底部白色文字显示出来，制作立体文字效果，同时将文字移动至画板中。

步骤/06 选择工具箱中的"矩形工具"，在控制栏中设置"填充"为棕色，"描边"为无。设置完成后在画板顶部绘制一个长条矩形。

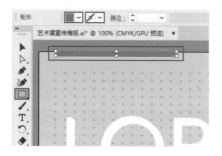

步骤07 将该矩形复制一份，将长度缩短后放在右侧位置。

步骤08 在长条矩形下方添加段落文字。选择工具箱中的"文字工具"，在长条矩形下方绘制文本框，在文本框中输入合适的文字。在控制栏中设置"填充"为棕色，"描边"为无，同时设置合适的字体、字号，单击"左对齐"按钮。

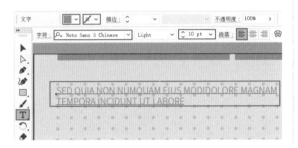

步骤09 继续使用"文字工具"，在控制栏中设置合适的填充颜色、字体、字号。设置完成后在画板底部输入其他文字，至此本案例制作完成。

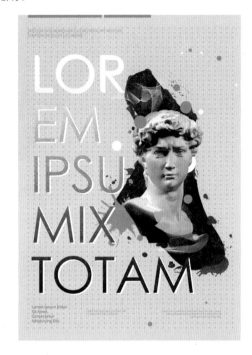

第 8 章

广告中的图形创意

平面广告设计是传递信息的一种方式，它通过色彩、构图、文字、图形和创意传递商品的卖点。平面广告设计除了向消费者传达广告基本信息和理念外，还需要在视觉上向消费者传递出震撼的、美的、趣味的、新奇的感受。

8.1 演唱会灯箱广告设计

8.1.1 设计思路

案例类型：

本案例为演唱会灯箱广告设计项目。

项目诉求：

此次演唱会为某流行乐歌手的个人演唱会，歌手曲风以爵士蓝调为主，感性、迷人。演唱会氛围热烈，受众人群主要为热爱音乐的年轻群体。广告要求简洁、大气，突出歌手个人风格。

设计定位：

在个人演唱会的宣传广告中，歌手的个人形象通常会作为画面的展示重点。本案例也是如此，将人像全身照完整地呈现在画面一侧，使观者一目了然。

除了人物元素外，画面还运用了扑克牌中的图形。扑克牌中的桃、杏、梅、方有一年四季的春夏秋冬之寓意，同时也象征着黑夜与白天。其中红桃、红方片代表白昼，黑桃、梅花表示黑夜。本画面中应用扑克牌"梅花"的形象传递出秋天的黑夜之意，暗示演唱会举办的时间。

8.1.2 配色方案

由于本案例使用既定的人像照片作为画面主体元素，所以后续的色彩选择需要考虑到已有元素的影响。

主色：

前面讲到作品应用"梅花"图形寓意秋季深夜，演唱会也正是在夜晚举行，那么黑色就是首选的背景色了。黑色是一种非常善于烘托神秘感的色彩，同时也极具包容性。除了应用黑色外，结合深灰色，使得广告背景更具"透气性"，层次更多。

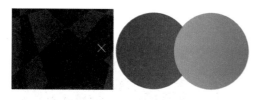

辅助色：

黑色过于沉寂，搭配红色作为辅助色，可以点亮激情，让画面更富活力、刺激之感。黑色搭配红色也是经典的搭配色。红色是火焰、力量的象征，给人热情、奔放的感受。也可以使用一些紫红的色彩，在充满力量的感觉的同时，更添妩媚。

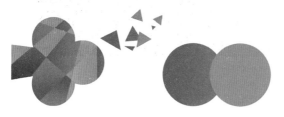

点缀色：

人物照片是画面中一定要使用到的元素，本案例使用到的人物的色彩比较统一，肤色、发色及服饰色彩的色相基本一致，但明度略有不同。在素材使用的过程中可以借助Photoshop等图像处理软件，对素材色彩做适当的调整。

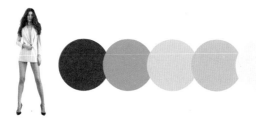

其他配色方案：

本案例也可以采用具有冲突感的色彩搭配方案。反差强烈的色彩搭配在一起往往给人兴奋、刺激的视觉感觉，也是年轻人喜爱的色彩搭配方式。

除此之外，也可以选择与人物色彩接近的黄色系的色彩，相近的颜色在黑色的背景上更显统一。

8.1.3　版面构图

本案例采用左右分割的构图方式，但并没有将文案、图形、图像等元素严格按照左右分区进行排列。左侧为画面主体，由于面积过大，会造成视觉上过于"沉重"的感觉，因此将三角形碎片和文字摆放在右侧，这样能使画面视觉感受平衡一些。

8.1.4 同类作品欣赏

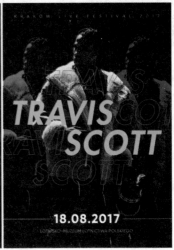

8.1.5 项目实战

操作步骤：

1.制作广告背景

步骤/01 新建一个大小合适的横向空白文档。选择工具箱中的"矩形工具"，在控制栏中设置"填充"为黑色，"描边"为无。设置完成后绘制一个与画板等大的矩形。

步骤/02 制作几何拼贴感背景。选择工具箱中的"矩形工具"，在控制栏中设置"填充"为无，"描边"为黑色，"粗细"为1pt。绘制一个与画板等大的矩形，移动到画板外。

步骤/03 对绘制的描边矩形进行分割。在矩形选中状态下，选择工具箱中的"美工刀工具"，将光标放在图形上方，按住Alt键的同时按住鼠标左键拖动绘制直线。至合适位置时，释放鼠标即可将矩形进行分割。

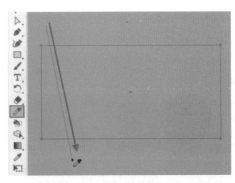

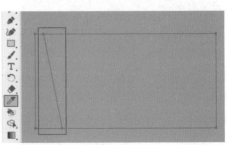

步骤/04 继续使用"美工刀工具"，在图形上方绘制直线，将矩形进行分割。（图形分割

没有固定的大小与形状，只要使其呈现出视觉美
感即可。）

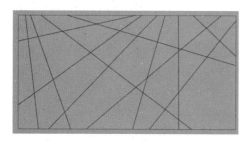

步骤/05 为分割的
不规则图形填充渐变色。
将左上角的图形选中，
在打开的"渐变"面板中
设置"类型"为"线性渐
变"，"角度"为0°。
设置完成后编辑一个红
色系渐变。

步骤/06 效果如图所示。

步骤/07 使用同样的方法，将分割的不规
则图形选中，在"渐变"面板中编辑不同明度和
纯度的红色系渐变，让整体呈现出丰富的视觉效
果，同时将黑色描边去除。将制作完成的红色渐
变分割图形选中，使用快捷键Ctrl+G进行编组。

步骤/08 将编组图形选中复制一份，选中得
到的图形，在打开的"透明度"面板中设置"混合
模式"为"明度"，"不
透明度"为30%。调整
编组图形大小，将其放在
画板中的黑色矩形上方。

步骤/09 效果如图所示。

步骤/10 在画板左侧添加图形。选择工具
箱中的"钢笔工具"，在控制栏中设置"填充"
为红色，"描边"为无。设置完成后在画板左侧
绘制图形。

步骤/11 将几何感拼贴图形选中，调整大
小并将其放在红色图形上方。单击鼠标右键，在
弹出的快捷菜单中选择"排列>后移一层"命令，
将编组图形放在红色图形后面。

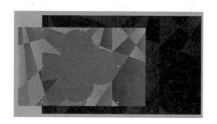

步骤/12 将二者选中，使用快捷键Ctrl+7 创建剪切蒙版，将编组图形中不需要的部分进行隐藏。

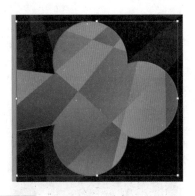

步骤/13 在画板右上角添加三角形，增强版面视觉层次感。选择工具箱中的"钢笔工具"，在控制栏中设置"填充"为深红色，"描边"为无。设置完成后在右上角绘制图形。

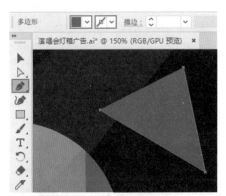

步骤/14 使用同样的方法，在已有三角形右侧，绘制不同大小与颜色的图形。

2.制作主图与文字

步骤/01 在左侧图形上方添加人像素材。首先制作人像后方的投影轮廓图形，将人像素材

"2.png"置入，调整大小并将其放在文档空白位置。

步骤/02 将人像素材转换为矢量图形。将素材选中，在控制栏中单击"图像描摹"后面的下拉按钮，在弹出的下拉菜单中选择"高保真度照片"命令，将人像素材进行描摹。

步骤/03 效果如图所示。

步骤/04 将人像素材转换为矢量图形的同时，也为其增加了白色背景，需要将其去除。将描摹人像选中，在控制栏中单击"扩展"按钮。

步骤/05 将人像图形进行扩展。

步骤/06 将扩展后的人像图形选中，单击鼠标右键，在弹出的快捷菜单中选择"取消编组"命令，将图形的编组取消。使用"选择工具"，将白色背景选中，按Delete键进行删除。

步骤/07 制作人像轮廓图。将去除白色背景的人像选中，在打开的"路径查找器"面板中单击"联集"按钮。

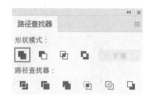

步骤/08 将人像合并为一个图形。

步骤/09 将人像轮廓图形选中，在控制栏中设置"填充"为黑色，"不透明度"为70%。设置完成后将其放在画板左侧的图形上方。

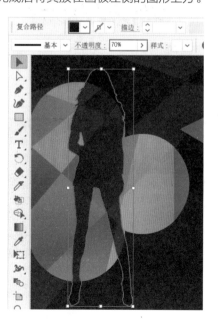

步骤/10 将人像素材再次置入，调整大小并将其放在轮廓图前方，增强广告的层次立体感。

步骤/11 在文档右侧添加文字。选择工具箱中的"文字工具"，在版面右侧单击输入文字。在控制栏中设置"填充"为红色，"描边"为红色，"粗细"为4pt，同时设置合适的字体、字号。

步骤/12 对文字形态进行调整。将文字选中，在打开的"字符"面板中单击"全部大写字母"按钮，将文字字母全部调整为大写形式。

步骤/13 继续使用"文字工具"，在已有文字上下两端单击，然后输入合适的文字。

步骤/14 选择工具箱中的"直线段工具"，在控制栏中设置"填充"为无，"描边"为白色，"粗细"为2pt。设置完成后在文字左侧绘制一条直线段。

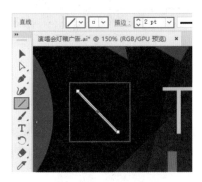

步骤/15 将绘制的直线段选中，单击鼠标右键，在弹出的快捷菜单中选择"变换>旋转"命令，在打开的"旋转"对话框中设置"角度"为90°。设置完成后单击"复制"按钮。

步骤/16 效果如图所示。

步骤/17 选择工具箱中的"钢笔工具"，在控制栏中设置"填充"为白色，"描边"为无。

设置完成后在人像轮廓图左侧绘制一个三角形。

步骤/18 调整图层顺序，将其摆放在轮廓图后面位置。

步骤/19 将三角形的尖角调整为圆角。将三角形选中，使用"直接选择工具"，将顶点部位的圆点选中，按住鼠标左键往里拖动，至合适位置时释放鼠标，即可将尖角调整为圆角。

步骤/20 效果如图所示。

步骤/21 将人像轮廓图左侧的三角形选中复制一份，调整大小后将其放在文字右侧位置。

8.2 旅行社促销活动广告设计

8.2.1 设计思路

案例类型：

本案例为旅行社促销活动广告设计项目。

项目诉求：

马尔代夫是坐落在印度洋上的一个岛国，属于南亚。马尔代夫岛大部分都是珊瑚岛，它是世界上最大的珊瑚岛国。所以广告的整体风格要突出海岛景色特点，突出马尔代夫最美的海水、沙滩、珊瑚岛。

设计定位：

根据热带海岛旅行特征，画面的基本构成元素应包含海水、沙滩以及极具热带气候代表的椰树。为了增强画面趣味性，本案例采用卡通化的矢量图形进行展示。以明快的色调，简单直观的图形，使消费者被美丽的广告画面吸引，进而产生想要立刻出发旅游的欲望。

8.2.2 配色方案

碧水蓝天是马尔代夫给每一个游客的基本印象，所以本案例从天空、海水、沙滩、椰树等中提取色彩，完美诠释马尔代夫的自然之美。

主色：

在大自然中，蓝色是天空和海水的颜色，浅蓝色可以给人阳光、自由的感觉，深一些的蓝色可以给人广阔安静的享受。所以本案例选择不同明度的蓝色作为主色，交替搭配，营造出丰富的视觉效果。

辅助色：

黄色代表沙滩，也代表着明媚的阳光。将其作为辅助色，在与蓝色的冷暖色调对比中给人活跃、积极的感受，十分引人注目。

点缀色：

将代表生机的绿色和代表热情的红色作为点缀色，丰富版面色彩质感。红色、黄色和蓝色属于三原色，为了避免搭配在一起时反差过大，可以将这三种颜色的饱和度适当降低，明度适当升高，以低反差的方式进行搭配。

其他配色方案：

将绿色作为画面主色也未尝不可，鲜嫩的草绿搭配淡雅的浅绿，正是春夏时节最美的颜色。而且在邻近色对比中，尽显画面的整齐与统一。

8.2.3 版面构图

广告版式属于典型的重心型构图方式，向心形设计是将视线从四周聚拢到一点，即版面中心位置。消费者在观看时会被画面中心的文字信息所吸引。广告背景选择放射状图形，使画面具有较强的延展性。

8.2.4 同类作品欣赏

位于画面中心的文字为白色，在大面积纯色的画面中十分突出。为了强化字体的视觉冲击力，可以采用较粗的字体，例如超粗黑简体等。除此之外，也可以选择一些手写体、艺术体等趣味感较强的字体。

8.2.5 项目实战

操作步骤：

1.制作图形背景

步骤/01 新建一个大小合适的横向空白文档。选择工具箱中的"矩形工具"，在控制栏中设置"填充"为蓝色，"描边"为无。设置完成后绘制一个与画板等大的矩形。

步骤/02 制作放射状背景。选择工具箱中的"钢笔工具"，在控制栏中设置"填充"为浅蓝色，"描边"为无。设置完成后在蓝色矩形左侧绘制不规则图形。

步骤/03 继续使用该工具，绘制其他不规则图形，共同组成放射状背景。

步骤/04 在版面底部制作水波纹效果。选择工具箱中的"矩形工具"，在控制栏中设置

"填充"为淡黄色，"描边"为无。设置完成后在文档底部绘制一个长条矩形。

步骤/05 将绘制的长条矩形进行变形。在长条矩形选中状态下，选择工具箱中的"变形工具"，接着将光标放在长条矩形上方，按住鼠标左键往下拖动。

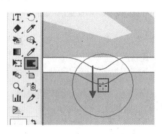

步骤/06 随着拖动可以看到图形发生了变形，当图形被调整到合适形状时，释放鼠标即可。

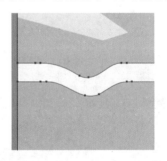

步骤/07 继续使用"变形工具"，对长条矩形进行变形操作，使其呈现出水波纹效果。

步骤/08 使用同样的方式，制作另外一个弯曲曲线。（变形操作不是一次就可以操作成功的，需要根据实际情况，不断进行调整。）

步骤/09 在版面中继续添加图形。选择工具箱中的"钢笔工具"，在控制栏中设置"填充"为橙色，"描边"为无。设置完成后在水波纹曲线上方绘制图形，同时调整图层顺序，将橙色图形放在淡黄色水波纹图形下方位置。

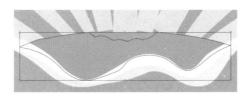

步骤/10 选择工具箱中的"椭圆工具"，在控制栏中设置"填充"为黄色，"描边"为白色，"粗细"为5pt。单击"描边"按钮，在弹出的面板中设置"对齐描边"为"使描边外对齐"。设置完成后在橙色图形上方按住Shift键的同时按住鼠标左键，拖动绘制一个正圆。

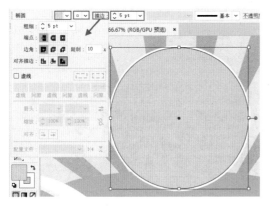

步骤/11 为绘制的黄色正圆添加内发光效果。将正圆选中，执行"效果>风格化>内发光"

命令，在弹出的"内发光"对话框中设置"模式"为正常，"颜色"为白色，"不透明度"为100%，"模糊"为10mm，同时选中"边缘"单选按钮。设置完成后单击"确定"按钮。

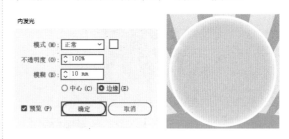

步骤/12 在文档中添加云朵图形。选择工具箱中的"钢笔工具"，在控制栏中设置"填充"为白色，"描边"为无。设置完成后在版面左侧绘制图形。

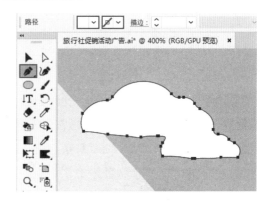

步骤/13 将绘制完成的云朵图形复制三份，放在版面合适位置，同时将其中的一个图形放在黄色正圆后面位置。

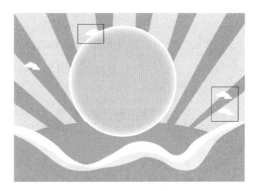

步骤/14 在文档中添加椰树图形。选择工具箱中的"钢笔工具"，在控制栏中设置"填

充"为绿色，"描边"为无。设置完成后在黄色正圆左侧绘制椰树树冠。

步骤/15 继续使用该工具，绘制椰树树干，同时调整图层顺序，将树干放在树冠后面位置。

步骤/16 将椰树树冠和树干图形选中，使用快捷键Ctrl+G进行编组。将光标放在定界框一角，按住鼠标左键将图形进行适当旋转。

步骤/17 将编组的椰树图形复制若干份，通过调整大小、旋转方向、对称等操作，将其放在版面中的合适位置。

2.制作主标题文字

步骤/01 选择工具箱中的"钢笔工具"，在控制栏中设置"填充"为红色，"描边"为无。设置完成后在黄色正圆上方绘制不规则图形。

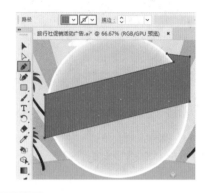

步骤/02 继续使用该工具，在已有图形左下角继续绘制图形，最终组成一个完整的条幅效果。

步骤/03 在绘制的条幅上方添加文字。选择工具箱中的"文字工具"，在文档空白位置单击，输入文字。在控制栏中设置"填充"为白色，"描边"为红色，"粗细"为2pt，同时设置合适的字体、字号。

步骤/04 为输入的主标题文字添加投影。将文字选中，执行"效果>风格化>投影"命

令，在打开的"投影"对话框中设置"模式"为"正片叠底"，"不透明度"为60%，"X位移"为0mm，"Y位移"为0mm，"模糊"为0.8mm，"颜色"为黑色。设置完成后单击"确定"按钮。

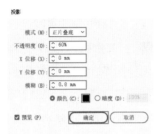

步骤/05 效果如图所示。

步骤/06 将文字进行倾斜处理。将文字选中，选择工具箱中的"自由变换工具"，在弹出的小工具箱中单击"自由变换"按钮。将光标放在定界框上方的控制点上，按住鼠标左键往右拖动的同时按住Shift键，这样可以保证文字在水平方向上倾斜。

步骤/07 将文字进行了倾斜处理，接着将其放置在画板中红色条幅图形上方，并进行适当旋转，使其与条幅在同一水平线上。

步骤/08 使用同样的方法，在条幅左下角添加其他文字。

步骤/09 在主题文字下方继续添加文字，将信息进一步充实。绘制用于呈现文字的不规则图形载体，选择工具箱中的"钢笔工具"，在控制栏中设置"填充"为绿色，"描边"为无。设置完成后在主标题文字下方绘制图形。

步骤/10 继续使用该工具，在已有图形下方绘制图形。

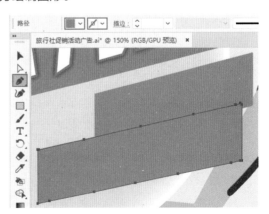

步骤/11 使用"文字工具"，在控制栏中设置合适的填充颜色、字体、字号。设置完成后在绿色矩形上方单击输入文字，同时对文字进行适当旋转，使其与四边形在同一水平线上。

步骤/12 使用同样的方法，在主标题文字右侧，使用"钢笔工具"绘制一个文本框图形作为文字呈现的载体。使用"文字工具"，在文本框上方输入文字，并对文字进行适当的变形处理，以增强视觉立体感。

步骤/13 打开素材"1.ai"，将卡通装饰素材选中，使用快捷键Ctrl+C进行复制。回到当前操作文档，使用快捷键Ctrl+V进行粘贴，并适当调整素材摆放位置。至此本案例制作完成。

第 9 章

VI 设计中的图形创意

视觉识别系统是企业形象识别系统（Corporate Identity System，简称CIS）的重要组成部分。它由理念识别（Mind Identity，简称MI）、行为识别（Behavior Identity，简称BI）和视觉识别（Visual Identity，简称VI）三方面所构成。MI是企业的核心和原动力，是CIS的灵魂。BI以完善企业理念为核心，是企业的动态识别形式，主要规范企业内部管理、教育及对外的社会活动等，它能充分地美化企业形象，提高公司知名度。VI是企业形象识别系统的外化和表现，是CIS静态识别。相对于MI和BI而言，VI是最直观、最有感染力的部分。同时也是最容易被消费者接受，短期内获得影响最大的部分。

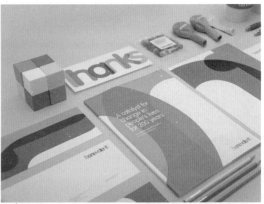

9.1 几何感 VI 设计

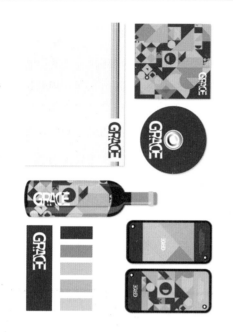

9.1.1 设计思路

案例类型：

本案例是某红酒品牌的视觉形象设计项目。

项目诉求：

该红酒针对于年轻人的喜好进行了一系列的改良，打造出了适合当代年轻人口味的、更具潮流感的、甜型的葡萄酒。该款产品品牌定位为"年轻人的第一支红酒"，口感奔放，甜美而热情，充盈着果味、花香气息，符合年轻人的喜好。

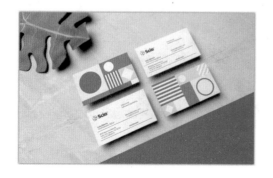

设计定位：

年轻人更中意有创意的葡萄酒的包装设计，这会勾起强烈的分享欲、收藏欲。如果口感是"硬实力"，那么好看的包装绝对是名副其实的"软实力"。企业整体VI设计风格与包装风格一致，要把握活跃、年轻、时尚几个特点，设计风格定位为潮流感的扁平化设计，色彩则选用纯度较高的多色搭配，以呈现琳琅满目的炫彩效果。为了增强空间感，本案例以文字重叠的方式制作企业标志。以简单几何图形构成的背景图案彰显年轻与活力。

9.1.2 配色方案

为了突显产品果香十足的特点，选取了水果的颜色作为VI中的部分颜色，如蓝莓、百香果的颜色。并且在进行颜色选择时多用"撞色"，使画面更引人注目。

主色：

选择与蓝莓水果接近的"午夜蓝"作为主色，奠定了偏向冷色调的色彩基调。另外，结合不同色相、纯度、明度的蓝色，使得蓝色层次更丰富。

辅助色：

蓝色作为主色后，要想得到符合年轻人喜好的具有一定冲突感的画面效果，就要应用"互补色"或"对比色"进行搭配。蓝色的"互补色"为橙色，"对比色"为黄色，所以将辅助色定为铬黄色，这也恰好与"百香果"的颜色接近。这两种"对比色"搭配在一起，给人强烈对比、活跃、青春的感受。

点缀色：

当主色与辅助色对比较为强烈时，可以使用较为柔和的色彩进行调和，这样可以使整个版面更加和谐融洽。此处可以尝试将甜美的橙红色稀释，得到柔和的肉色。

其他配色方案：

本案例还可以采用绿色作为主色进行色彩搭配。将黄绿色与黄色、肉色相搭配，可以传递出生机、萌动之感，极具视觉吸引力。

除此之外，也可以以蓝色作为主色，同时点缀粉红色与明亮的白色。鲜艳的粉红色传递出年轻人的活力与热情，而白色的出现则给人干净、纯洁的感受。

9.1.3 版面构图

本案例主要分为两部分，一部分是办公用品，如：信纸、光盘、网页；另一部分是针对产品的包装。此套VI主要以办公用品为主，而这部分内容主要采用了分割型的构图方式，将整个版面与几何图形进行简单分割。

本案例的版面元素比较简单，主要是标志与几何图形。几何图形以较大面积占据整个版面，表明年轻、活跃的主题，吸引受众注意力。而整齐排列的文字，在直接传达信息的同时也填补了空缺感。

9.1.4 同类作品欣赏

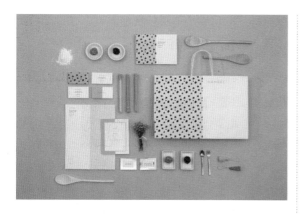

9.1.5　项目实战

操作步骤：

1.制作标志、标准色与图案

步骤/01　制作标志。新建一个大小合适的竖向空白文档。选择工具箱中的"文字工具"，在文档空白位置输入文字。在控制栏中设置"填充"为白色，"描边"为黑色，"粗细"为1pt，同时设置合适的字体、字号。

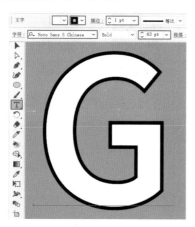

步骤/02　继续使用"文字工具"，在已有文字右侧分别输入其他文字。将文字重叠摆放，使字母与字母之间有交叉的部分。

步骤/03　将输入的文字选中，执行"对象>扩展"命令，在弹出的"扩展"对话框中单击"确定"按钮，将文字对象转换为图形对象。

步骤/04　将文字重叠部位的图形去除，制作出镂空效果。将文字选中，在打开的"路径查找器"面板中单击"分割"按钮。

步骤/05　将分割的文字选中，单击鼠标右键，在弹出的快捷菜单中选择"取消编组"命令，将文字的编组取消。使用"选择工具"，将文字重叠部位的图形选中，按Delete键进行删除。

步骤/06　将文字的黑色描边去除，此时标志制作完成。

步骤/07 制作标准色。选择工具箱中的"矩形工具"，在控制栏中设置"填充"为比较深的蓝色，"描边"为无。设置完成后在画面左下角绘制矩形。

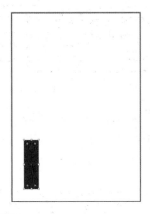

步骤/08 将白色标志复制一份，旋转90°后调整大小并将其放在深蓝色矩形上方。

步骤/09 使用"矩形工具"，在控制栏中设置"填充"为深蓝色，"描边"为无。设置完成后在标志右侧绘制矩形。

步骤/10 将深蓝色矩形选中，按住Shift+Alt键的同时按住鼠标左键往下拖动，这样可以保证图形在同一垂直线上移动。至下方合适位置时释

放鼠标，即可将矩形进行快速复制。在控制栏中设置"填充"为浅蓝色。

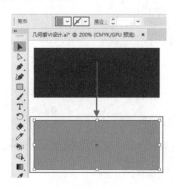

步骤/11 在当前状态下，使用三次快捷键Ctrl+D将矩形进行相同移动方向与相同移动距离的复制。在控制栏中对得到的矩形的填充色进行更改，此时企业标准色制作完成。

步骤/12 制作标准图案。选择工具箱中的"矩形工具"，在控制栏中设置"填充"为深蓝色，"描边"为无。设置完成后在文档空白位置按住Shift键的同时按住鼠标左键，拖动绘制一个正方形。

步骤/13 在深蓝色正方形左上角绘制图形。选择工具箱中的"钢笔工具",在控制栏中设置"填充"为蓝色,"描边"为无。设置完成后在正方形左上角绘制图形。

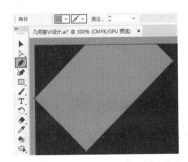

步骤/14 使用同样的方法,在正方形上方绘制各种形态与填充颜色的图形,丰富图案视觉效果。将所有图形选中,使用快捷键Ctrl+G进行编组。(在绘制图案时,没有固定的样式,只要使其与整体格调相一致即可。)

2.制作企业信纸

步骤/01 选择工具箱中的"矩形工具",在控制栏中设置"填充"为浅灰色,"描边"为无。设置完成后在画板左上角绘制矩形。

步骤/02 为矩形添加投影。将矩形选中,执行"效果>风格化>投影"命令,在打开的"投影"对话框中设置"模式"为"正片叠底","不透明度"为20%,"X位移"为1mm,"Y位移"为1mm,"模糊"为1mm,同时选中"暗度"单选按钮。设置完成后单击"确定"按钮。

步骤/03 效果如图所示。

步骤/04 在信纸右上角添加彩色矩形条,丰富版面细节效果。选择工具箱中的"矩形工具",在控制栏中设置"填充"为橙色,"描边"为无。设置完成后在信纸背景矩形右上角绘制长条矩形。

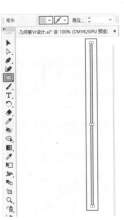

步骤/05 将绘制完成的长条矩形选中，按住Shift+Alt键的同时按住鼠标左键往右拖动，这样可以保证图形在同一水平线上移动。至右侧合适位置时释放鼠标，即可将图形进行复制。将其"填充"更改为黄色。

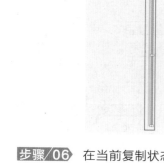

步骤/06 在当前复制状态下，使用三次快捷键Ctrl+D，将长条矩形进行相同移动方向与相同移动距离的复制。在控制栏中为得到的图形填充不同颜色，将不同颜色的长条矩形选中，使用快捷键Ctrl+G进行编组。

步骤/07 将编组的长条矩形选中，复制一份放在信封背景矩形右下角位置，同时将其长度缩短。

步骤/08 将在画板外的标志复制一份，为得到的标志填充颜色。在标志选中状态下，选择工具箱中的"实时上色工具"，在控制栏中设置"填充"为深蓝色，"描边"为无。设置完成后在文字需要填充颜色的上方单击，将其由白色调整为深蓝色。

步骤/09 将标志进行旋转。将标志选中，单击鼠标右键，在弹出的快捷菜单中选择"变换>旋转"命令，在打开的"旋转"对话框中设置"角度"为-90°。设置完成后单击"确定"按钮。

步骤/10 此时企业信纸制作完成。

步骤/11 效果如图所示。

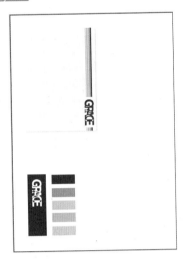

3.制作企业光盘

步骤/01 把在画板外的基本图案选中，复制一份放在企业信纸右侧位置。

步骤/02 将信封标志选中复制一份，并将其填充更改为白色，适当缩小后放在图案右下角位置。将标志以及图案选中，使用快捷键Ctrl+G进行编组。

步骤/03 为光盘封面添加投影，增强层次立体感。将编组图形选中，执行"效果>风格化>投影"命令，在打开的"投影"对话框中设置"模式"为"正片叠底"，"不透明度"为20%，"X位移"为1mm，"Y位移"为1mm，"模糊"为1mm，"颜色"为黑色。设置完成后单击"确定"按钮。

步骤/04 效果如图所示。

步骤/05 制作光盘。选择工具箱中的"椭圆工具"，在控制栏中设置"填充"为深蓝色，"描边"为无。设置完成后在光盘封面图案下方，按住Shift键的同时按住鼠标左键拖动绘制一个正圆。

步骤/06 为其添加与封面相同的投影。

步骤/07 选择工具箱中的"椭圆工具"，在控制栏中设置"填充"为浅灰色，"描边"为无。设置完成后在深蓝色正圆中间部位绘制一个小正圆。

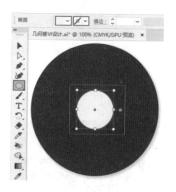

步骤/08 将浅灰色小正圆选中，使用快捷键Ctrl+C进行复制，使用快捷键Ctrl+F进行粘贴。将光标放在定界框一角，按住Shift+Alt键的同时按住鼠标左键拖动，将图形进行等比例中心缩小。在控制栏中设置"填充"为灰色，"描边"为灰色，"粗细"为2pt。

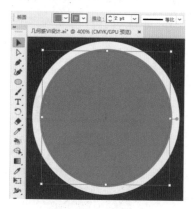

步骤/09 为灰色正圆填充渐变色。将图形选中，在打开的"渐变"面板中设置"类型"为

"线性渐变"，"角度"为24°。设置完成后编辑一个黑白色系渐变。

步骤/10 效果如图所示。

步骤/11 使用同样的方法，复制正圆，将其等比例中心缩小，并在"渐变"面板中对渐变角度进行调整。

步骤/12 效果如图所示。

步骤/13 制作镂空效果。将顶部小正圆选

中，将其复制一份并进行等比例中心缩小。将两个正圆选中，在打开的"路径查找器"面板中单击"减去顶层"按钮。

步骤/14 即可制作出镂空效果。

步骤/15 将光盘封面中的白色标志复制一份，调整大小，并将其放在光盘左侧位置。此时光盘制作完成。

步骤/16 效果如图所示。

4.制作产品包装

步骤/01 绘制酒瓶外轮廓图形。选择工具箱中的"钢笔工具"，在控制栏中设置"填充"为蓝黑色，"描边"为无。设置完成后在企业信纸下方绘制酒瓶外轮廓图形。

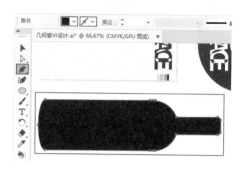

步骤/02 绘制瓶口部位的图形。选择工具箱中的"圆角矩形工具"，在控制栏中设置"填充"为蓝色，"描边"为无，"圆角半径"为2.5mm。设置完成后在瓶口部位绘制图形。

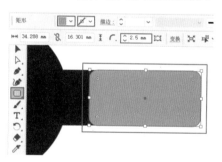

步骤/03 将圆角矩形左侧的圆角调整为尖角。将圆角矩形选中，使用"直接选择工具"，将左侧两个角内部的白色圆点选中，按住鼠标左键往左上角拖动。

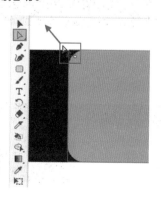

步骤/04 当其呈现出直角形态时，释放鼠标即可将圆角调整为尖角。

步骤/05 绘制瓶盖。使用"圆角矩形工具"，在瓶口图形部位绘制图形作为瓶盖效果。

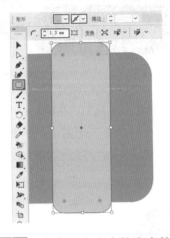

步骤/06 制作瓶身上方的高光效果。选择工具箱中的"钢笔工具"，在控制栏中设置"填充"为白色，"描边"为无。设置完成后绘制高光图形。

步骤/07 将高光图形选中，在打开的"透明度"面板中设置"不透明度"为18%。

步骤/08 使用同样的方法，在瓶身底部继续绘制高光图形。

步骤/09 在"透明度"面板中设置"不透明度"为38%，将其不透明度适当降低。

步骤/10 制作瓶身上的标签。选择工具箱中的"钢笔工具"，在控制栏中设置"填充"为白色，"描边"为无。设置完成后绘制出瓶身的外轮廓图。

步骤/11 将画板外的基本图案复制一份，放在白色标签的位置，使用"后移一层"快捷键Ctrl+[。

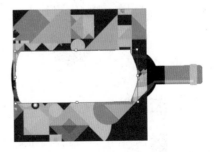

步骤/12 将编组图案和顶部白色轮廓图选

中，使用快捷键Ctrl+7创建剪切蒙版，将图案不需要的部分进行隐藏，并调整图层顺序。

步骤/13　把画板外的白色标志复制一份，调整大小并将其放在瓶身图案上方。将产品包装的所有图形选中，使用快捷键Ctrl+G进行编组。

步骤/14　为酒瓶包装添加与企业光盘相同的投影效果，此时产品包装制作完成。

步骤/15　画面效果如图所示。

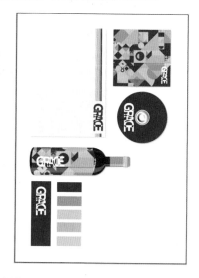

5.制作手机壁纸

步骤/01　绘制手机的外轮廓图形。选择工具箱中的"圆角矩形工具"，在控制栏中设置

"填充"为蓝黑色，"描边"为无，"圆角半径"为8.5mm。设置完成后在标准色右侧绘制图形。

步骤/02　使用"圆角矩形工具"，在控制栏中设置"填充"为深蓝色，"描边"为无，"圆角半径"为5.5mm。设置完成后在蓝黑色图形左侧绘制图形。

步骤/03　使用"直接选择工具"，将深蓝色图形右侧的圆角调整为尖角。

步骤/04　将调整完成的深蓝色圆角矩形选中，单击鼠标右键，在弹出的快捷菜单中选择"变换>镜像"命令，在打开的"镜像"对话框中选中"垂直"单选按钮。设置完成后单击"复

制"按钮。将图形进行垂直方向翻转的同时复制一份，将得到的图形放在相对应的右侧位置。

步骤/05　选择工具箱中的"矩形工具"，在控制栏中设置"填充"为浅蓝色，"描边"为无。设置完成后在圆角矩形中间空白位置绘制图形。

步骤/06　在蓝色矩形上方继续添加图形。选择工具箱中的"钢笔工具"，在控制栏中设置"填充"为橙色，"描边"为无。设置完成后在蓝色矩形左侧绘制三角形。

步骤/07　使用同样的方法，在已有三角形右侧继续绘制另外两个大小不一、颜色各异的三角形。

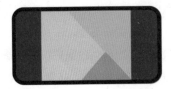

步骤/08　选择工具箱中的"椭圆工具"，在控制栏中设置"填充"为黑色，"描边"为无。设置完成后在图形左上角绘制一个小正圆。

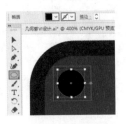

步骤/09　将黑色小正圆选中，使用快捷键Ctrl+C进行复制，使用快捷键Ctrl+F进行原位粘贴。将光标放在定界框一角，按住Shift+Alt键的同时按住鼠标左键拖动，将图形进行等比例中心缩小。同时在控制栏中设置"填充"为白色。将两个正圆选中，使用快捷键Ctrl+G进行编组。

步骤/10　将编组的小正圆选中，复制一份放在右下角位置。

步骤/11　将画板外的白色标志选中并复制一份，调整大小并将其放在图形中间部位。选中复制得到的标志，单击鼠标右键，在弹出的快捷菜单中选择"变换>旋转"命令，在打开的"旋转"对话框中设置"角度"为90°。设置完成后单击"确定"按钮。

步骤／12 效果如图所示。

步骤／13 选择工具箱中的"文字工具"，在文档空白位置输入合适的文字。在控制栏中设置"填充"为白色，"描边"为无，同时设置合适的字体、字号，并单击"居中对齐"按钮。

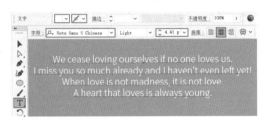

步骤／14 对文字形态进行调整。将文字选中，在打开的"字符"面板中设置"字间距"为-120，让文字更加紧凑一些。同时单击"全部大写字母"按钮，将文字字母全部调整为大写形式。

步骤／15 效果如图所示。

步骤／16 对文字进行旋转操作。将文字选中，单击鼠标右键，在弹出的快捷菜单中选择"变换>旋转"命令，在打开的"旋转"对话框中

设置"角度"为90°。设置完成后单击"确定"按钮。将旋转文字放在右侧。将手机所有图形以及文字对象选中，使用快捷键Ctrl+G进行编组。

步骤／17 将编组的手机图形选中，为其添加与产品包装相同的投影效果。使用同样的方法制作另外一款壁纸。

步骤／18 本案例制作完成。

9.2 创意文化产业集团 VI 设计

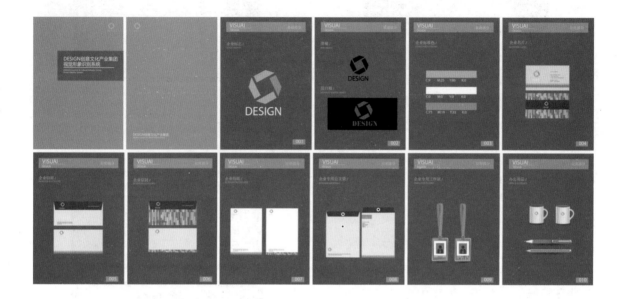

9.2.1 设计思路

案例类型：

本案例是一款创意文化产业集团的VI设计项目。

项目诉求：

整套VI设计方案要以年轻、活力、谦逊的姿态，展现一种富有生命力和情怀的年轻人组成的团队形象。意图突破传统文化产业，进行改革创新，注重创意，打造一个富有朝气的文化产业团队。

设计定位：

根据企业定位，本案例整体风格更倾向于简洁风格。由重复图形构成的标志简洁明了，具有一定对比冲击力的色彩搭配能够很好地诠释年轻的活力感。

9.2.2 配色方案

在企业VI设计中，标志往往是延伸出整套VI的关键所在。本案例中的标志以象征收获、富足的黄色为主色，辅以具有活力感的青色。通过两种颜色对比，打造出具有鲜明、跃动的标志。

主色：

本案例采用了象征收获、富足、阳光、温暖之感的黄色作为主色，以表达创意文化产业蒸蒸日上、收获累累的发展趋势。

辅助色：

青色介于绿色与蓝色之间，清翠而不张扬，清爽而不单调，是一种代表年轻人活力与智慧的色彩。标志以黄色为主，辅助以小面积的青色，这两种颜色介于对比色和邻近色之间，既不会过于刺激，又能有明显的视觉冲击力。

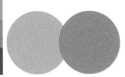

点缀色：

标志的图形部分使用到了黄、青两种颜色，这两种颜色鲜艳、明丽。为了调和过于强烈的色彩对比，标志的文字部分使用了白色作为调和。除此之外，在整套VI系统中还用到了两种灰色，

明度较高的灰色用得较多，明度较低、纯度较低的蓝灰色，少量出现可以起到稳定画面的作用。

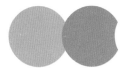

其他配色方案：

靠近蓝色的青色也是一种不错的颜色。明度和纯度均在中等偏下的青蓝色，搭配深灰色，富有睿智、理性的气质。而采用高纯度的黄绿色与高明度的浅蓝色，则更显创意与活力。

9.2.3 版面构图

标志采用"上图下文"的方式构成，上方为主体图形，下方为企业名称。标志通过将四个相同的梯形色块旋转摆放，构建出标志的主体图形。四个梯形首尾相接，组合成一个外轮廓接近圆的图形，象征了团队齐心协力、默契合作的特征。

VI方案中的名片、信封、信纸、文件袋等对象的版面构图都比较简单，基本以白色/浅灰色作为底色，以其他标准色构成的简单色块作为装饰。

9.2.4 同类作品欣赏

9.2.5 项目实战

操作步骤：

1.制作企业标志

步骤/01 执行"文件>新建"命令，在弹出的"新建文档"对话框中单击"打印"按钮，在弹出的对话框中单击选择"A4"。在右侧的参数区域设置"方向"为竖向，"画板"为12，设置完成后单击"确定"按钮。

步骤/02 制作标志。选择工具箱中的"矩形工具"，在控制栏中设置"填充"为黄色，

"描边"为无。在文档空白位置单击，设置"宽度"为30mm，"高度"为15mm，单击"确定"按钮。

步骤/03 效果如图所示。

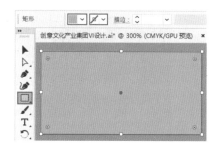

步骤/04 对矩形外形进行调整。在矩形选中状态下，选择工具箱中的"直接选择工具"，将右下角的锚点选中，然后按住Shift键的同时按住鼠标左键将锚点向右拖动。

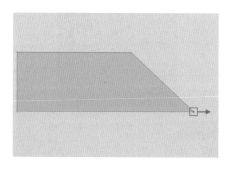

步骤/05 选择四边形，使用快捷键Ctrl+C进行复制，使用快捷键Ctrl+V进行粘贴，将复制的四边形经过旋转后移动到相应位置。

步骤/06 使用同样的方法，复制其他图形并将其移动到合适位置。

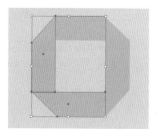

步骤/07 对图形位置进行移动。选择四边形，按键盘上的↑键将其向上移动。

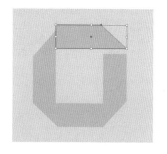

步骤/08 使用同样的方法配合键盘上的↑键、↓键、←键、→键，将其他几个形状进行移动，留出相同的空隙，增强视觉通透感。

步骤/09 对右侧图形进行填充颜色的更改。将其中的一个图形选中，在控制栏中设置"填充"为青色。

步骤/10 将四个四边形框选，使用快捷键 Ctrl+G进行编组，然后对其进行旋转。

步骤/11 在图形下方添加文字。选择工具箱中的"文字工具"，在图形下方输入文字。选中文字，在控制栏中设置"填充"为白色，"描边"为无，同时设置合适的字体、字号。标志制作完成。

2.制作VI画册封面封底

步骤/01 选择工具箱中的"矩形工具"，在控制栏中设置"填充"为青色，"描边"为无。设置完成后绘制一个与第一个画板等大的矩形。

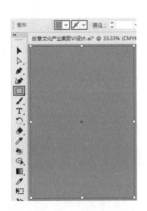

步骤/02 将标志复制一份放置在画面右上

角，并将其适当缩小。

步骤/03 对标志颜色进行调整。在标志选中状态下，在控制栏中将填充设置为白色。

步骤/04 在控制栏中设置"不透明度"为30%，将标志的不透明度适当降低。

步骤/05 继续使用"矩形工具"，在控制栏中设置"填充"为灰色，"描边"为无。设置完成后在标志下方绘制图形。

步骤/06 在灰色矩形上方添加文字。选择工具箱中的"文字工具"，在灰色矩形上方输入文字。选中文字，在控制栏中设置"填充"为白色，"描边"为无，同时设置合适的字体、字号。

步骤/07 继续使用"文字工具"，输入其他文字。

步骤/08 使用"矩形工具"，在控制栏中设置"填充"为白色，"描边"为无。设置完成后在文字之间绘制一个白色的细长矩形，作为分割线。

步骤/09 至此画册封面制作完成。

步骤/10 制作封底。将封面画板中的背景

矩形、标志以及相应文字选中，按住Shift+Alt键的同时按住鼠标左键向右移动，这样可以保证图形在同一水平线上，至第二个画板上方释放鼠标进行复制。

步骤/11 删除多余的元素，将标志和文字摆放在左上角和左下角位置。

3.制作VI基础部分

步骤/01 选择工具箱中的"矩形工具"，在控制栏中设置"填充"为灰色，"描边"为无。设置完成后在第三个画板中绘制一个与画板等大的矩形。

步骤/02 继续使用"矩形工具"，在灰色矩形顶部绘制一个青色矩形。

步骤/03 使用同样的方法继续绘制一个稍小一些的青色矩形，摆放在页面右下角，作为页码数字呈现的底色。

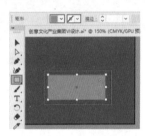

步骤/04 在顶部的青色矩形上方添加文字。选择工具箱中的"文字工具"，在青色矩形上方输入文字。选中文字，在控制栏中设置"填充"为白色，"描边"为无，同时设置合适的字体、字号。

步骤/05 继续使用"文字工具"，输入其他文字。

步骤/06 在文档右下角的青色矩形上方添加页码数字。选择工具箱中的"文字工具"，在右下角的青色矩形上方输入文字。选中文字，在

控制栏中设置合适的填充颜色、字体、字号。

步骤/07 将"画板3"中的内容复制一份移动到"画板4"中，然后再复制一份放置在"画板5"中，同时更改相应的页码数字。

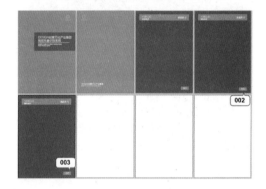

步骤/08 在页面001的左上角添加文字。选择工具箱中的"文字工具"，在页眉文字下方输入文字。

步骤/09 将标志复制一份放置在"画板3"中间空白位置，并将其适当放大。

步骤/10 在"画板4"中制作墨稿、反白稿。将"画板3"中的标题文字复制两份，放在"画板4"左侧。然后在"文字工具"使用状态下对文字内容进行更改。

步骤/11 文字制作完成后将标志复制一份，然后填充为黑色，并将其放在墨稿区域。

步骤/12 制作反白稿。使用"矩形工具"绘制一个黑色矩形，作为标志呈现的载体。

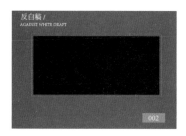

步骤/13 将标志复制一份放置在黑色矩形上方，并将其填充为深灰色。

步骤/14 制作"画板5"中的标准色相关内容。将"画板4"中的标题文字复制一份，放在"画板5"左侧，并将文字内容进行更改。

步骤/15 选择工具箱中的"矩形工具"，在控制栏中设置"填充"为黄色，"描边"为无。设置完成后在"画板5"中间部位绘制一个长条矩形。

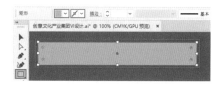

步骤/16 在黄色矩形下方添加色块相应的数值。选择工具箱中的"文字工具"，在控制栏中设置"填充"为白色，"描边"为无，同时设置合适的字体、字号。设置完成后在黄色矩形下方输入文字。

步骤/17 复制两份矩形与文字，摆放在下方。

步骤/18 更改矩形的颜色为标志中使用的白色与青色，并更改色值的数字。

4.制作VI应用部分

步骤/01 将内页版面背景复制一份放置在"画板6"中，然后更改文字及其页码。

步骤/02 复制背景，将其放置在其他画板中，然后在"文字工具"使用状态下逐一更改页码。

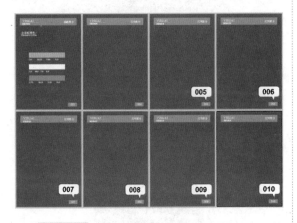

步骤/03 在"画板6"中制作名片正面。将

标题文字复制一份，放在画板左侧位置，并进行内容的更改。

步骤/04 选择工具箱中的"矩形工具"，在控制栏中设置"填充"为浅灰色，"描边"为无，设置完成后在画板中间空白位置绘制图形。在控制栏中设置"宽度"为100mm，"高度"为55mm。

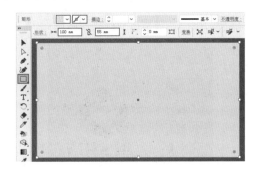

步骤/05 将标志复制一份放在名片左侧，并将其缩放到合适比例。

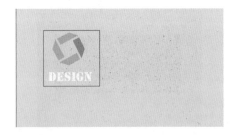

步骤/06 使用"文字工具"在名片正面右侧输入合适的文字。

步骤/07 在名片底部添加图形，丰富视觉效果。选择工具箱中的"矩形工具"，在控制栏中设置"填充"为黄色，"描边"为无。设置完成后绘制一个与名片等长的矩形。

步骤/08 使用"矩形工具"，在黄色矩形下方再次绘制一个青色图形。

步骤/09 制作名片背面。将浅灰色矩形复制一份，放在名片正面下方位置。

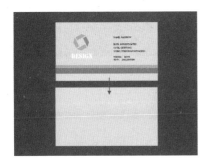

步骤/10 使用"矩形工具"，在控制栏中设置合适的颜色，在矩形左上角分别绘制多个不同大小的矩形，并排列在一起。

步骤/11 使用同样的方法，继续绘制多个相同宽度、不同高度、不同颜色的矩形，然后将绘制出来的矩形分别排列在一起，组成一个完整的图案。

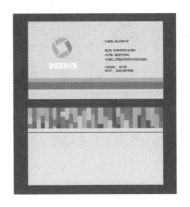

步骤/12 选中由大量矩形构成的图案，使用快捷键Ctrl+G进行编组。复制出一组相同的图案，沿纵向适当拉伸，然后放在名片下半部分。

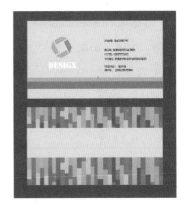

步骤/13 使用"矩形工具"，在两组图案中央的空白位置绘制一个蓝灰色矩形。

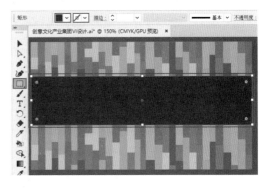

步骤/14 将标志复制一份，移动到蓝灰色

矩形中心部位，并调整其大小。此时名片背面效果制作完成。

步骤/15 在"画板7"中制作企业信封。将标题文字复制一份放在左侧位置，并进行内容的更改。

步骤/16 使用"矩形工具"，在控制栏中设置"填充"为浅灰色，"描边"为无，"宽度"为115mm，"高度"为55mm。

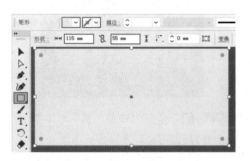

步骤/17 继续使用"矩形工具"，在浅灰色矩形顶部绘制一个蓝灰色矩形。

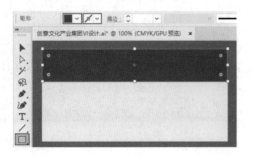

步骤/18 使用"直接选择工具"，调整锚点位置改变其形状。

步骤/19 将标志复制一份，放置在信封左上角并调整其大小。

步骤/20 使用"文字工具"，在信封右侧和底部输入文字。

步骤/21 制作信封正面。将浅灰色矩形复制一份，放在信封背面下方位置。

步骤/22 将标志复制一份放置在浅灰色矩形左上角，并将标志文字颜色更改为灰色。

步骤/23 使用"矩形工具"在信封正面的下方绘制两个矩形，分别填充为青色和黄色。

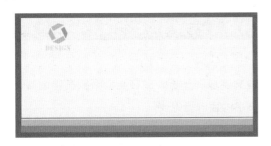

步骤/24 制作另一种带有彩色图案的信封。将"画板7"中的信封复制一份放在"画板8"中。

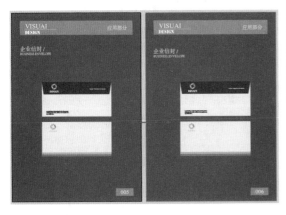

步骤/25 将名片中的彩色方块图案进行复制，然后放置在信封上面，并调整其大小。

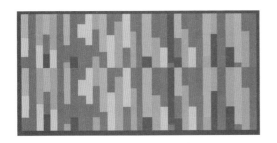

步骤/26 选择彩块，多次执行"对象>排列>后移一层"命令，将彩块移动到灰蓝色图形、文字以及标志下方位置。

步骤/27 制作信封正面。将底部的两个矩形删除，然后将彩块图形复制一份放在封面下方，并进行合适的缩放。此时彩色信封效果制作完成。

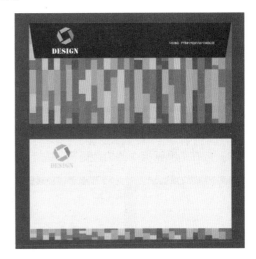

步骤/28 在"画板9"中制作信纸。将标题文字复制一份，放在左侧位置，然后进行内容的更改。

步骤/29 选择工具箱中的"矩形工具"，在控制栏中设置"填充"为白色，"描边"为无。

设置完成后在画板空白位置绘制图形。

步骤/30 将绘制完成的图形复制一份，放在右侧位置。

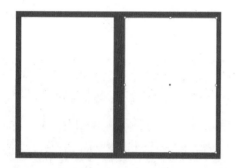

步骤/31 将企业信封正面左上角的标志复制两份，放在信纸画板中的白色矩形的左上角。

步骤/32 使用"矩形工具"，在左侧信纸下方绘制两个矩形，并分别填充黄色和青色。

步骤/33 将彩块图案再次复制，将其移动到另一个信纸下方并进行缩放。

步骤/34 在信纸下方添加文字。选择工具箱中的"文字工具"，在信纸左下角输入文字。

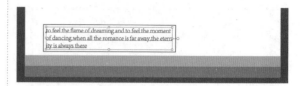

步骤/35 将此处文字复制一份，放置在右侧信纸左下角部位。

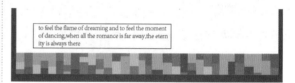

步骤/36 在"画板10"中制作公文袋。将标题文字复制一份，放在当前画板左侧位置，并对文字内容进行更改。

步骤/37 使用"矩形工具"，在控制栏中设置"填充"为浅灰色，"描边"为无。设置完成后在"画板10"空白位置绘制图形。

步骤/38 选择工具箱中的"钢笔工具"，在控制栏中设置"填充"为蓝灰色，"描边"为无。

设置完成后在浅灰色矩形顶部绘制出一个图形。

步骤/39 制作公文袋的扣子。选择工具箱中的"椭圆形工具"，在控制栏中设置"填充"为"白色"，"描边"为无。设置完成后在蓝灰色图形中间部位绘制正圆。

步骤/40 继续使用"椭圆工具"，在白色正圆上方绘制一个稍小一些的黑色正圆。

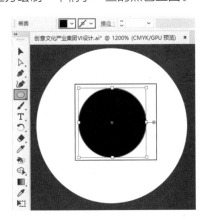

步骤/41 将制作完成的两个正圆选中，使用快捷键Ctrl+G进行编组。然后复制一份并向下移动。

步骤/42 选择工具箱中的"直线段工具"，在控制栏中设置"填充"为无，"描边"为黑色，"粗细"为0.05pt。设置完成后在两个编组正圆之间，按住Shift键绘制一条直线段。

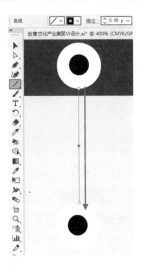

步骤/43 将标志复制一份放在公文袋左下角。

步骤/44 使用"文字工具"，在公文袋底部输入合适的文字内容。

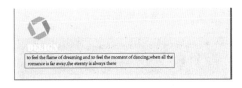

步骤/45 制作公文袋正面。将公文袋的灰色矩形复制一份移动到右侧。

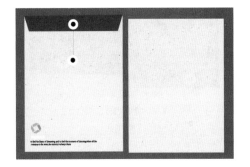

步骤/46 将公文袋背面顶部的蓝灰色四边形复制一份，移动到正面矩形顶部位置。

步骤/47 在图形选中状态下，单击鼠标右键，在弹出的快捷菜单中选择"变换>镜像"命令，在弹出的"镜像"对话框中选中"水平"单选按钮，将图形进行水平方向的翻转。设置完成后单击"确定"按钮。

步骤/48 效果如图所示。

步骤/49 将公文袋的扣子复制一份，放置在公文袋正面蓝灰色图形中间部位。

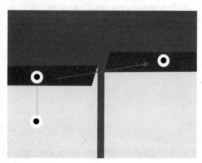

步骤/50 使用"矩形工具"，在公文袋正面左上角绘制一个青色矩形，作为标志呈现的载体。

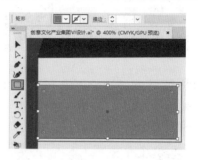

步骤/51 将标志复制一份，移动到该矩形上方，并调整标志文字的位置。

步骤/52 使用"文字工具"，在标志下方输入文字。

步骤/53 选择工具箱中的"直线段工具"，在文字后方绘制水平直线段。

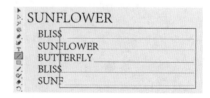

步骤/54 在文字左侧添加小正圆作为装饰。使用"椭圆工具"，在控制栏中设置"填充"为

黑色，"描边"为无。设置完成后在文字前方绘制正圆。

步骤/55 将正圆选中，按住Shift+Alt键的同时按住鼠标左键向下拖动，这样可以保证图形在同一垂直线上移动。至下方合适位置时释放鼠标，即可进行图形的复制。

步骤/56 在当前正圆复制状态下，使用三次快捷键Ctrl+D将正圆进行相同方向与相同移动距离的复制。

步骤/57 使用"矩形工具"，在公文袋正面底部绘制两个矩形，将其填充为黄色和青色。至此公文袋的制作完成。

步骤/58 在"画板11"中制作工作证。将标题文字复制一份，放在画板左侧位置，并对文字内容进行更改。

步骤/59 在画板中间偏下部位绘制工作证的圆角矩形外轮廓。选择工具箱中的"圆角矩形"，在控制栏中设置"填充"为无，"描边"为灰色系渐变，"粗细"为5pt。设置完成后在画板空白位置单击，在弹出的"圆角矩形"对话框中设置"宽度"为35mm，"高度"为50mm，"圆角半径"为2mm，设置完成后单击"确定"按钮。

步骤/60 得到银色渐变的圆角矩形边框。

步骤/61 使用"圆角矩形工具"，在已有图形内部绘制一个稍小的圆角矩形，并为其填充灰色系渐变。

步骤/62 制作工作证顶部的孔。使用"圆角矩形工具"在证件上方绘制一个小圆角矩形。

步骤/63 将黑色圆角矩形和底部圆角矩形选中，在打开的"路径查找器"面板中，单击"减去顶层"按钮，制作出镂空状态。

步骤/64 使用"圆角矩形工具"，在镂空部位绘制一个小一些的圆角矩形，并将"描边"设置为灰色系渐变。

步骤/65 使用"矩形工具"，在证件上方绘制一个白色矩形。

步骤/66 继续使用"矩形工具"，在工作证上绘制另外几个不同颜色的矩形。

步骤/67 绘制工作证上的卡通形象。使用"椭圆工具"绘制一个深灰色正圆，作为卡通人物头部。

步骤/68 绘制人物身体部分。选择工具箱中的"钢笔工具"，在控制栏中设置"填充"为深灰色，"描边"为无。设置完成后在头部下方绘制人物身体轮廓。

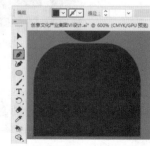

步骤/69 使用"钢笔工具",在控制栏中设置"填充"为颜色稍浅一些的灰色,"描边"为无。设置完成后在人物身体轮廓图中间部位绘制卡通领带。

步骤/70 使用"文字工具",在底部黄色和青色矩形上方输入相应的文字。

步骤/71 制作工作证上的挂绳。选择工具箱中的"矩形工具",在工作证顶部打孔位置绘制一个青色矩形。

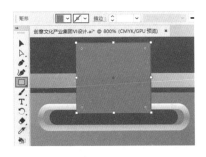

步骤/72 继续使用"矩形工具",在青色矩形上方绘制一个稍小的矩形,填充为浅灰色系的渐变。

步骤/73 将灰色渐变矩形选中,在打开的"透明度"面板中设置"混合模式"为"正片叠底"。

步骤/74 绘制挂绳穿孔图形。使用"圆角矩形工具",在控制栏中设置"填充"为无,"描边"为灰色系渐变。设置完成后在青色矩形上方绘制图形。

步骤/75 选中这个图形,多次使用"后移一层"快捷键Ctrl+[,将该形状移动到青色矩形后方。

步骤/76 绘制挂绳的绳子。使用"钢笔工具",在控制栏中设置"填充"为青色,"描边"为无。设置完成后绘制挂绳图形,然后调整图层顺序将其摆放在挂绳穿孔图形后方位置。

步骤/77 使用"钢笔工具"，绘制正面的挂绳效果。

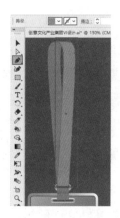

步骤/78 制作工作证的底部投影。使用"椭圆工具"，在控制栏中设置"填充"为灰色系渐变，"描边"为无。设置完成后在工作证下方绘制一个椭圆，并调整图层顺序，将其摆放在工作证下方位置。

步骤/79 选中该圆形，设置其"混合模式"为"正片叠底"。

步骤/80 增强投影效果的真实性。

步骤/81 将制作完成的工作证的所有图形对象框选，将工作证复制一份放在右侧位置。然后复制之前制作好的图形拼贴图案，替换当前工作证下方的图形。

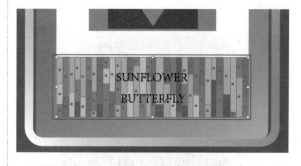

步骤/82 至此工作证制作完成。

步骤/83 在"画板12"中制作办公用品。将标题文字选中复制一份，放在该画板左侧位置，并对文字内容进行更改。

步骤/84 打开素材"1.ai"，复制杯子，并粘贴到当前文档中。

步骤/85 将标志复制一份，调整其大小，然后将其放置在杯身中间部位。

步骤/86 在"素材1"中将笔素材复制到当前操作文档内，并将其放在杯子下方位置。

步骤/87 将标志中的图形进行复制，缩小后放在笔素材右侧的顶部。

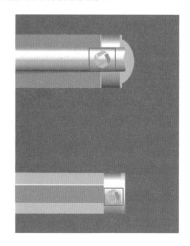

步骤/88 至此VI手册排版完成。

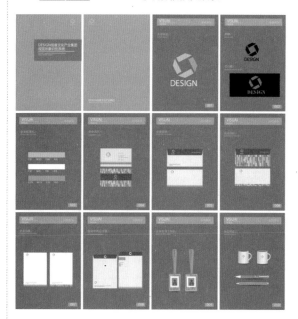

第 10 章

App UI 中的图形创意

UI的全称为User Interface，直译就是用户与界面，通常理解为界面的外观设计，但是实际上它还包括用户与界面之间的交互关系。我们可以把UI设计定义为软件的人机交互、操作逻辑、界面美观的整体设计。

App UI设计中图形的运用是非常重要的，无论是图标、按钮、符号乃至UI版面中的各个部分，几乎都离不开图形的使用。在UI设计领域中，图形不仅仅起到美化的作用，更多的是起到替代文字，起到传达信息的功能。

在App UI设计中，圆形、方形、圆角矩形、多边形等基础图形是最常见的基本元素，而更多的元素不仅需要通过基本图形的组合得到，更需要运用钢笔工具进行绘制。

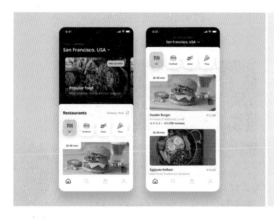

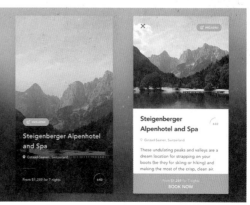

10.1 水果电商 App 图标设计

10.1.1 设计思路

案例类型：

本案例是一款应用于移动客户端的线上水果销售App图标设计项目。

项目诉求：

该App面向大中型城市的年轻人，主打一年365天、每天24小时，随时随地满足吃到新鲜水果的愿望。想吃水果，轻松点击，半小时之内，新鲜的水果送上门，水果分类齐全、新鲜，配送及时。App图标设计要求突出App功能性，并且符合年轻人的喜好。

设计定位：

根据商家基本要求，从水果中选择具有代表性的西瓜作为主要设计元素，西瓜除了可以代表水果本身外，还能很好地"拟人化"，将西瓜设计为笑脸的形状，非常适合。为了突显年轻化，设计风格偏向为扁平化、描边感的效果。

10.1.2 配色方案

本案例以冷色调的青色为主，又缀以高纯度的红色、黄色，在冷暖色调对比中，营造清新、活力的视觉氛围。并且黑白两色的点缀，使得整体既和谐统一，又具有强烈的视觉效果。

主色：

西瓜的红色是人们首先想到的颜色，但是红色作为App背景可能过于"热烈"。而且红色的背景与西瓜本体颜色一致，色彩对比不够鲜明。因此可以选择与西瓜的红色对比明显，又能突显年轻化、时尚感的颜色，那么海水中凉爽的青色是最适合不过的了。

辅助色：

直接取西瓜的红色作为App图标的辅助色，与青色形成"对比色"搭配，时尚动感。

点缀色：

从主色中延伸出的艳丽的青色以及淡红色可以辅助主体图形的展示。将无彩色的黑色和白色点缀在主体图形上，在反差对比中既提高了画面亮度，同时又让视觉效果更加稳定。另外在主体图形周围的小元素中，引入了黄色及蓝色。由于装饰元素所占比例很小，所以并不会产生混乱之感。

其他配色方案：

可以尝试用绿色替代青色，因为带有一定灰度的绿色与红色之间并不会产生过分强烈的冲突感。除此之外，本案例也可以用淡蓝色作为主色，淡蓝色是一种极易被人们接收的颜色，可以给人一种自由、惬意的感受。

10.1.3　版面构图

图标以拟人化的西瓜作为主要元素，吸引青年男女注意，拉近使用者与软件的距离。笑脸的设计与西瓜外形相呼应，使图标变得更为灵动，同时给人一种亲切、愉悦之感。

图标主要采用了中轴型的构图方式，并通过线与面的搭配，将近些年较为流行的扁平化风格中融入拟人化元素。同时线条、烟花与圆形的使用，增强了版面的细节效果。

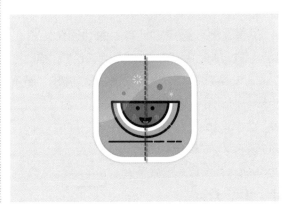

10.1.4 同类作品欣赏

10.1.5 项目实战

操作步骤：

步骤/01 新建一个大小合适的横向空白文档，选择工具箱中的"矩形工具"，在控制栏中设置"填充"为浅青色，"描边"为无。设置完成后绘制一个与画板等大的矩形。

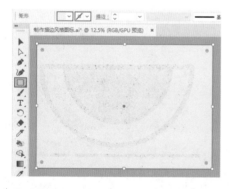

步骤/02 选择工具箱中的"圆角矩形工具"，在控制栏中设置"填充"为青色，"描边"为无。设置完成后在文档中单击，在弹出的"圆角矩形"对话框中设置"宽度"为1024px，"高度"为1024px，"圆角半径"为300px。设置完成后单击"确定"按钮。

步骤/03 效果如图所示。

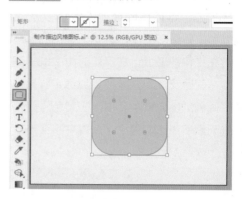

步骤/04 将青色圆角矩形选中，使用快捷键Ctrl+C进行复制，使用快捷键Ctrl+F进行原位粘贴。选中复制得到的图形，在控制栏中设置"填充"为无，"描边"为白色，"粗细"为50pt。

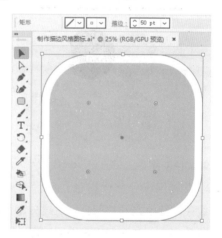

步骤/05 单击"描边"按钮，设置"对齐描边"方式为"使描边内侧对齐"。

步骤/06 为白色描边图形添加外发光效果。将描边图形选中，执行"效果>风格化>外发光"命令，在打开的"投影"对话框中设置"模式"为"正片叠底"，"颜色"为深青色，"不透明

度"为20%，"模糊"为10px。设置完成后单击"确定"按钮。

步骤/07 效果如图所示。

步骤/08 选择工具箱中的"椭圆工具"，在控制栏中设置"填充"为亮青色，"描边"为无。设置完成后在青色图形内部按住Shift键的同时按住鼠标左键，拖动绘制一个正圆。

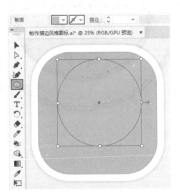

步骤/09 将正圆调整为半圆。将绘制的正圆选中，将光标放在图形右侧的白色圆点上方，按住鼠标左键逆时针旋转至对应的左侧位置。

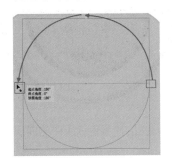

步骤/10 释放鼠标即可得到半圆效果。

步骤/11 使用"椭圆工具"，在已有正圆上方继续绘制大小不一、颜色各异的正圆。使用同样的方法，将绘制的正圆调整为半圆。

步骤/12 在红色半圆上方添加表情。首先制作眼睛。选择工具箱中的"椭圆工具"，在控制栏中设置"填充"为黑色，"描边"为无。设置完成后在红色半圆左侧绘制正圆。

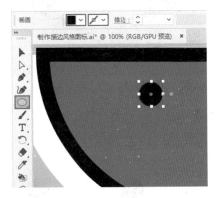

步骤/13 将绘制的黑色正圆选中，将其复制一份放在对应的右侧位置。

步骤／14 绘制嘴巴。选择工具箱中的"钢笔工具"，在控制栏中设置"填充"为黑色，"描边"为无。设置完成后在红色半圆下方绘制图形。

步骤／15 使用"钢笔工具"，在嘴巴内部绘制舌头图形。

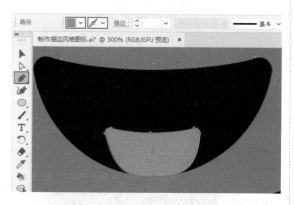

步骤／16 绘制左右两侧的腮红效果。使用工具箱中的"椭圆工具"，在红色半圆左侧绘制腮红正圆。

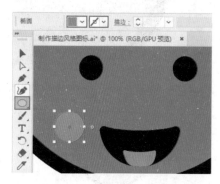

步骤／17 然后将其复制一份，放在对应的

右侧位置。

步骤／18 使用"椭圆工具"，在控制栏中设置"填充"为无，"描边"为黑色，"粗细"为20pt。设置完成后在已有图形外围绘制一个黑色描边正圆。

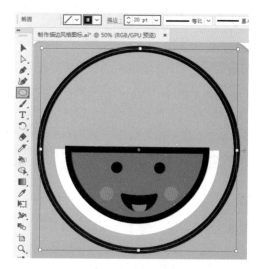

步骤／19 使用同样的方法，将其调整为半圆形态。

步骤／20 制作案例效果中的曲线断开效果。选择工具箱中的"剪刀工具"，在黑色描边正圆

右侧单击。

步骤/21 在"剪刀工具"使用状态下，继续单击。

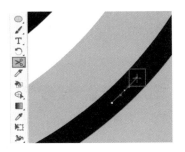

步骤/22 此时两个切分点之间形成一条独立的曲线。将该曲线选中，按Delete键即可将其删除。

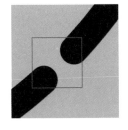

步骤/23 使用同样的方式，在半圆曲线的其他部位进行删除，增强效果的视觉通透感。

步骤/24 选择工具箱中的"直线段工具"，在控制栏中设置"填充"为无，"描边"为黑

色，"粗细"为12pt。设置完成后在半圆下方按住Shift键的同时按住鼠标左键，自左往右拖动绘制一条直线段。

步骤/25 对直线段样式进行调整。将直线段选中，执行"窗口>描边"命令，在打开的"描边"面板中设置"端点"为"圆头端点"。

步骤/26 效果如图所示。

步骤/27 对绘制完成的直线段进行分割。在直线段选中状态下，选择工具箱中的"剪刀工具"，在直线段右侧单击添加切分点，将不需要的部分进行删除。

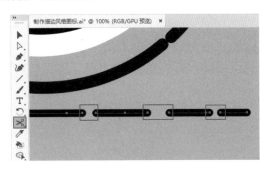

步骤/28 在半圆上方添加装饰图形，丰富细节效果。选择工具箱中的"圆角矩形工具"，在控制栏中设置"填充"为黄色，"描边"为无，设置合适的圆角半径。设置完成后在半圆上方绘制图形。

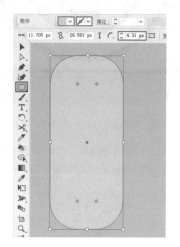

步骤/29 对圆角矩形进行旋转操作。在图形选中状态下，选择工具箱中的"旋转工具"，将光标放在青色基准点上方，按住Alt键的同时按住鼠标左键往下拖动，至下方合适位置时释放鼠标，此时在弹出的"旋转"对话框中设置"角度"为45°。设置完成后单击"复制"按钮，将图形进行旋转操作的同时复制一份。

步骤/30 效果如图所示。

步骤/31 在当前旋转状态下，多次使用快捷键Ctrl+D将图形进行相同角度的旋转复制操作，使其呈现出一个环绕一周的效果。

步骤/32 使用同样的方法，制作另外一个图形。

步骤/33 选择工具箱中的"椭圆工具"，在控制栏中设置"填充"为红色，"描边"为无。设置完成后在圆环之间绘制一个正圆。

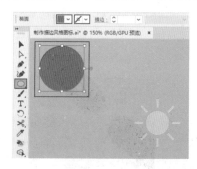

步骤/34 继续使用该工具，在合适位置绘制一个蓝色正圆。

步骤/35 在红色正圆左下角添加一个描边

正圆。使用"椭圆工具"，在控制栏中设置"填充"为无，"描边"为青色，"粗细"为9pt。设置完成后在红色正圆左下角绘制图形。

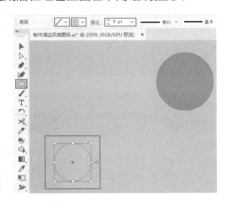

步骤/36 在图标顶部添加高光，增强效果真实性。将底部的青色圆角矩形选中，使用快捷键Ctrl+C进行复制，使用快捷键Ctrl+F进行原位粘贴。然后调整复制得到的图形图层顺序，将其摆放在最上方位置。

步骤/37 为复制得到的图形添加渐变色。将图形选中，在打开的"渐变"面板中设置"类型"为"线性渐变"，"角度"为125°。设置完成后编辑一个白色到透明的渐变。同时设置左侧端点的"不透明度"为50%，将底部图形效果显示出来。

步骤/38 效果如图所示。

步骤/39 高光有多余的部分，需要对其进行隐藏处理。选择工具箱中的"钢笔工具"，在控制栏中设置"填充"为黑色，"描边"为无。设置完成后在图标上半部分绘制图形，确定高光需要保留的区域。

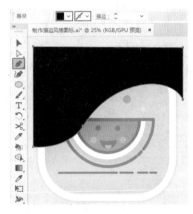

步骤/40 将黑色图形和渐变高光图形选中，使用快捷键Ctrl+7创建剪切蒙版，将高光不需要的区域进行隐藏处理。

步骤/41 至此本案例制作完成，效果如图所示。

10.2 手机游戏启动界面设计

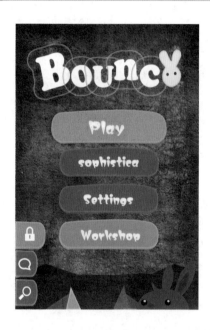

设计定位：

根据受众群体是青少年这一特征，启动界面风格确定为偏卡通的扁平化风格。界面中包含卡通元素，但整体画面又不完全是卡通形象。整个界面以墙壁图片为背景，增加视觉冲击力。图标和菜单栏采用扁平化风格模块，字体采用偏可爱的风格。

10.2.1 设计思路

案例类型：

本案例是一款手机游戏启动界面设计项目。

项目诉求：

这款游戏属于面向青少年的益智类休闲手游，玩家以回合制的方式在特定场景中进行寻宝。游戏节奏轻松活泼，画面偏向于暗调的复古风格。

10.2.2 配色方案

在以寻宝为主题的游戏中，低明度的色彩往往更能激发人的探知欲。但完全黑色又显得过于沉闷，所以本案例采用了一张黑灰相间的背景图，不仅营造出一种复古之感，在视觉上也有一定的空间感。

主色：

　　界面中大面积区域为灰调的背景，带有颜色的区域主要集中在按钮以及卡通形象上。本案例的主色选择了一种偏灰度的棕红色，这个颜色来源于版面底部的卡通形象。在按钮上使用这种颜色能够起到相互呼应的作用，而且这种颜色在灰调的背景上并不会显得过于突兀。

辅助色：

　　辅助色选择具有一定灰度的土黄色。作为另一个按钮颜色，红色与黄色本身就是邻近色，搭配在一起同样很和谐。

点缀色：

　　点缀色的出现主要是为了增添版面灵动性，为了统一和谐，同样选择了一种偏灰调的颜色。黄色与绿色同样是邻近色，所以在版面中点缀小面积灰调的黄绿色也是比较合适的。

其他配色方案：

　　手游界面的复古感主要通过背景来体现，之前选择的是一款偏冷调背景，如果想要产生一种暖调色感，使用旧纸张或者旧木板也是不错的选择。

10.2.3　版面构图

　　移动客户端限于手机显示屏的大小，所以通常不会在一个屏幕范围显示过多的内容。本案例的界面顶部为游戏名称标志，中部是启动界面中最主要的图标按钮，居中依次竖直排列。界面的左下方纵向排列了三个较小的辅助按钮，由于这三个按钮并不是很常用，所以摆放在相对来说不太容易被触碰到的位置。这种版式简洁明了，是比较常见的符合用户使用习惯的启动界面。

界面底部。还可以将版面布局调整为左右型，将工具栏和小图标按钮左右排列。

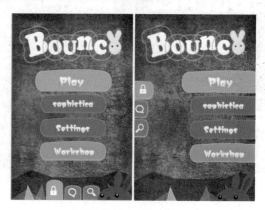

本案例的版面比较接近于对称式构图，为了使界面更加规整，也可以将左下角的按钮排列在

10.2.4 同类作品欣赏

10.2.5 项目实战

操作步骤：

1.制作主体文字

步骤/01 新建一个大小合适的竖向空白文档。将背景素材"1.jpg"置入，调整大小，使其充满整个画板。

步骤/02 在版面中制作主体文字。选择工具箱中的"文字工具"，在画板左上角单击输入文字。在控制栏中设置"填充"为白色，"描边"为白色，"粗细"为1pt，同时设置合适的字体、字号。

步骤/03 对文字形态进行调整。将文字选中，在打开的"字符"面板中设置"水平缩放"为91%，将文字宽度在水平方向上适当压缩。

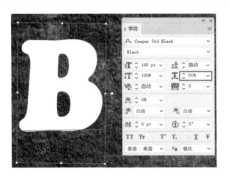

步骤/04 （由于调整数值较小，文字变化不大，在操作时需要仔细观察。）将文字进行适当角度的旋转。

步骤/05 为文字添加内发光效果。将文字选中，执行"效果>风格化>内发光"命令，在打开的"内发光"对话框中设置"模式"为"正常"，"颜色"为灰色，"不透明度"为75%，"模糊"为6px，同时选中"边缘"单选按钮。设置完成后单击"确定"按钮。

步骤/06 效果如图所示。

步骤/07 将添加的内发光效果进一步加强。执行"窗口>外观"命令，将"外观"面板打开。将添加的"内发光"效果选中，单击面板底部的"复制所选项目"按钮，将内发光效果复制一份。

步骤/08 效果如图所示。

步骤/09 为文字添加外发光效果。将文字选中，执行"效果>风格化>外发光"命令，在打开的"外发光"对话框中设置"模式"为"正片叠底"，"颜色"为灰色，"不透明度"为25%，"模糊"为5.7px。设置完成后单击"确定"按钮。

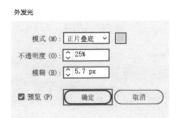

步骤/10 在内发光效果下方添加的外发光效果，需要将其显示出来。在"外观"面板中，将外发光效果选中，按住鼠标左键往上拖动，将其放在面板的顶部。

步骤/11 此时文字效果如图所示。

步骤/12 使用同样的方法，在"外观"面板中，将外发光效果复制一份，加强文字效果。

步骤/13 使用同样的方法，制作其他主体文字。

步骤/14 在文字右侧添加卡通小兔子图形。选择工具箱中的"钢笔工具"，在控制栏中设置"填充"为浅米色，"描边"为无。设置完成后在文字右侧绘制小兔子外轮廓图形。

步骤/15 为绘制的小兔子图形添加内发光效果。将小兔子轮廓图选中，执行"效果>风格化>内发光"命令，在打开的"内发光"对话框中设置"模式"为"正常"，"颜色"为灰色，"不透明度"为75%，"模糊"为5.7px，同时

选中"边缘"单选按钮。设置完成后单击"确定"按钮。

步骤/16 效果如图所示。

步骤/17 绘制小兔子眼睛。选择工具箱中的"椭圆工具"，在控制栏中设置"填充"为深灰色，"描边"为无。设置完成后在卡通小兔子图形上方绘制椭圆形。

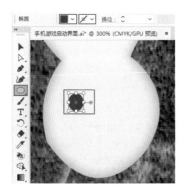

步骤/18 将绘制的椭圆形复制一份，放在对应的右侧位置。

2.制作界面按钮

步骤/01 制作界面的按钮效果。选择工具箱中的"钢笔工具"，在控制栏中设置"填充"为深土黄色，"描边"为无。设置完成后在主体文字下方绘制图形。

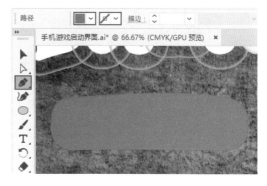

步骤/02 为按钮图形添加内发光效果。将图形选中，执行"效果>风格化>内发光"命令，在打开的"内发光"对话框中设置"模式"为"正常"，"颜色"为浅土黄色，"不透明度"为75%，"模糊"为6px，同时选中"边缘"单选按钮。设置完成后单击"确定"按钮。

步骤/03 效果如图所示。

步骤/04 为按钮图形添加外发光效果。在图形选中状态下，执行"效果>风格化>外发光"命令，在打开的"外发光"对话框中设置"模式"为"正片叠底"，"颜色"为深棕色，"不透明度"为26%，"模糊"为6px。设置完成后单击"确定"按钮。

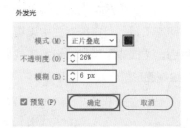

步骤/05 效果如图所示。（由于添加的外发光效果的不透明度数值较低，且背景为深色，导致调整效果不明显，在操作时需要仔细观察。）

步骤/06 将按钮图形选中，使用快捷键Ctrl+C进行复制，使用快捷键Ctrl+F进行原位粘贴。选中复制得到的图形，将其填充为土黄色。然后将其适当地往上移动，将底部图形显示出来，使其呈现出一定的层次、立体感。

步骤/07 在按钮上方添加文字。选择工具箱中的"文字工具"，在文档空白位置单击输入文字（为了便于观察效果）。在控制栏中设置"填充"为白色，"描边"为白色，"粗细"为1pt，同时设置合适的字体、字号。

步骤/08 对文字形态进行调整。将文字选中，在打开的"字符"面板中设置"水平缩放"为90%，将文字宽度在水平方向上适当压缩。

步骤/09 效果如图所示。

步骤/10 为文字添加内发光效果。将文字选中，执行"效果>风格化>内发光"命令，在打开的"内发光"对话框中设置"模式"为"正常"，"颜色"为浅粉色，"不透明度"为75%，"模糊"为6px，同时选中"边缘"单选按钮。设置完成后单击"确定"按钮。

步骤/11 效果如图所示。

步骤/12 为文字添加外发光效果。在文字选中状态下，执行"效果>风格化>外发光"命令，在打开的"外发光"对话框中设置"模式"为"正片叠底"，"颜色"为浅灰色，"不透明度"为25%，"模糊"为6px。设置完成后单击"确定"按钮。

步骤/13 效果如图所示。

步骤/14 将文字选中，在"外观"面板中，把外发光效果复制一份，让效果强烈一些。

步骤/15 效果如图所示。

步骤/16 选中制作完成的文字，将其放在土黄色按钮上方。

步骤/17 使用同样的方法，制作其他按钮与文字。

3.制作界面底部装饰图形

步骤/01 选择工具箱中的"钢笔工具"，在控制栏中设置"填充"为深灰色，"描边"为无。设置完成后在画板底部绘制不规则图形。

步骤/02 将绘制的不规则图形选中，在打开的"透明度"面板中设置"混合模式"为"正片叠底"，使其与背景融为一体。

步骤/03 效果如图所示。

步骤/04 使用制作画板中部的按钮图形的方法制作版面左侧的按钮图形。

步骤/05 在左侧按钮上方添加小图标。执行"窗口>符号库>网页图标"命令，在打开的"网页图标"面板中选择"锁"图标，接着按住鼠标左键将其拖动到文档中。

步骤/06 将添加的图标选中，在控制栏中单击"断开链接"按钮，将图标的链接断开。

步骤/07 在控制栏中将其填充为白色，并调整其大小，然后放在左侧按钮上方。

步骤/08 使用同样的方法，在"网页图标"面板中选择合适的图标，将其添加到版面中。同时调整大小与填充颜色，然后放在左侧按钮图形上方。

步骤/09 在文档底部添加不规则三角形，丰富细节效果。选择工具箱中的"钢笔工具"，

在控制栏中设置"填充"为灰色，"描边"为无。设置完成后在版面底部绘制图形。

步骤／10 为绘制的三角形添加内发光效果。将图形选中，执行"效果>风格化>内发光"命令，在打开的"内发光"对话框中设置"模式"为"正常"，"颜色"为浅粉色，"不透明度"为75%，"模糊"为6px，同时选中"边缘"单选按钮。设置完成后单击"确定"按钮。

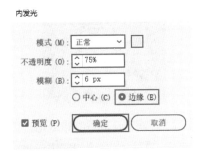

步骤／11 效果如图所示。

步骤／12 使用"钢笔工具"，在已有三角形

左侧绘制图形，并为其添加相同的内发光效果。

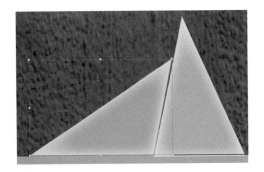

步骤／13 在绘制的三角形选中状态下，在打开的"透明度"面板中设置"混合模式"为"变亮"，"不透明度"为40%。

步骤／14 效果如图所示。

步骤／15 使用同样的方法，在已有图形右侧绘制不同形状的三角形，并为其添加相同的内发光效果与不透明度。

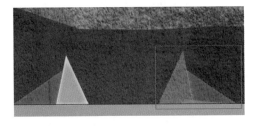

步骤／16 制作版面右下角的卡通图形。选择工具箱中的"钢笔工具"，在控制栏中设置

"填充"为棕红色，"描边"为无。设置完成后在画板左下角绘制卡通图形外轮廓。

设置"填充"为深棕红色，"描边"为无。设置完成后在卡通图形的右耳朵上方绘制图形。

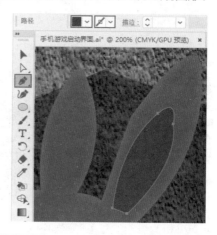

步骤 17 为绘制的外轮廓图形添加内发光效果。在图形选中状态下，执行"效果>风格化>内发光"命令，在打开的"内发光"对话框中设置"模式"为"正常"，"颜色"为深棕红色，"不透明度"为75%，"模糊"为6px，同时选中"边缘"单选按钮。设置完成后单击"确定"按钮。

步骤 20 为其添加与轮廓图相同的内发光效果。

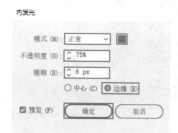

步骤 18 效果如图所示。

步骤 21 制作卡通图形的眼睛。选择工具箱中的"椭圆工具"，在控制栏中设置"填充"为更深的棕红色，"描边"为无。设置完成后在轮廓图左侧绘制一个小正圆。

步骤 19 使用"钢笔工具"，在控制栏中

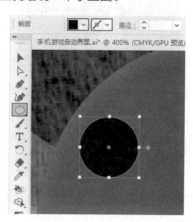

步骤/22 继续使用该工具，在黑色正圆上方绘制一个白色小正圆。

步骤/23 将绘制完成的眼睛图形选中，复制一份放在对应的右侧位置。此时卡通图形的眼睛效果制作完成。

步骤/24 制作卡通图形的鼻子。选择工具箱中的"钢笔工具"，在控制栏中设置"填充"为深灰色，"描边"为无。设置完成后在卡通图形底部绘制一个不规则图形。

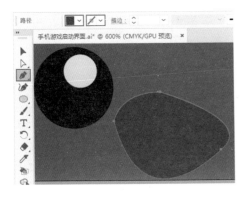

步骤/25 为绘制的鼻子添加相同的内发光效果。

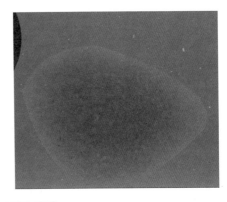

步骤/26 至此本案例制作完成，效果如图所示。

第 11 章

书籍设计中的图形创意

　　书籍的类型有很多，不同类型的书籍具有不同的设计要求与原则。按照书籍内容进行区分，常见的书籍类型有童书类、教育类、文艺类、人文社科类、艺术类、生活类、经管类、科技类、杂志类等。除此之外，与书籍设计相关的还包括企业画册设计、宣传册设计等。

　　在书籍设计中，图形起到必不可少的作用，图形的使用可以影响版面效果、画面风格等视觉感受。图形的应用范围也很广泛，不仅在封面中有体现，在内页版式设计中，图形也是必不可少的元素。

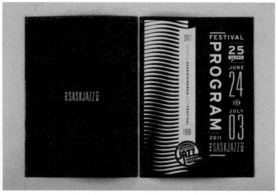

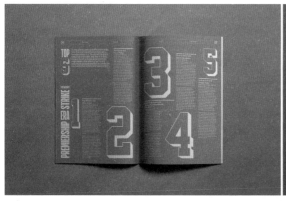

11.1 书籍封面设计

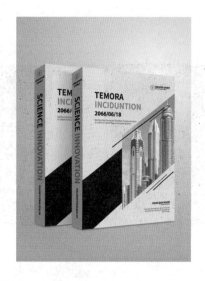

11.1.1 设计思路

案例类型：

本案例是建筑设计类书籍的封面设计项目。

项目诉求：

这部书籍为专业书籍，主要读者群体为建筑相关行业的从业人员，内容以建筑设计理论以及优秀作品鉴赏为主，封面设计要求能够体现书籍的特色，并有一定的创新。

设计定位：

根据项目要求，本案例在设计之初就将整体风格定位为理性、严谨、专业。为了体现本书的内容，选择将建筑图像作为画面主体元素。不过这也是同类书籍常用的手法，为了使封面与众不同，所以本案例尝试将建筑图像与色块相结合，以"面"的形式呈现在封面中，同时搭配倾斜的线条，给封面带来一定的动感。

11.1.2 配色方案

此类书籍往往给人以权威感、智慧感以及稳重感，所以建议不要使用过多的色彩搭配。本案例将建筑图像与低调严谨的青色相搭配，既保留了建筑图像的美感，同时又不乏大气与稳重。

主色：

书籍封面选择了大气且兼具包容性的浅灰色作为主色，与主题格调十分吻合。灰色作为背景色，能够很好地将其他色彩突显出来。

辅助色：

建筑类书籍通常给人以理性、严谨、科学的印象，这些感觉与青色所传递的色彩情感极为相似，所以本案例以青色作为传递情感的色彩。冷调的青灰色是理性与睿智的化身，而且在不同明度变化中，让封面具有了丰富的层次感。

其他配色方案：

本案例也可以尝试以白色作为封面的底色，搭配不同明度的灰色、黑色图形和文字。由于版面内容均为无彩色，所以建筑图片可以保持原始色彩。

将原方案中的青灰色更改为蓝色系色彩也很适合，与青色相似，蓝色也通常代表理性、科技、严谨。

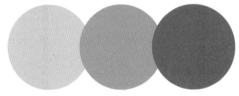

点缀色：

青色调的建筑图像色调统一，但是在浅灰色背景的映衬下，使书籍整体看起来"灰蒙蒙"的，缺少重色。对此可以添加明度较低的深青色作为点缀。在深色的映衬下，灰色的背景以及建筑图像都显得更加鲜明。

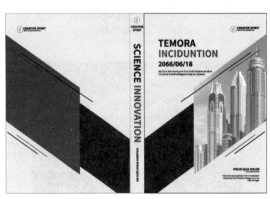

11.1.3 版面构图

本案例封面和封底均采用"倾斜型"构图方式，倾斜的画面会产生强烈的视觉律动感。将版面分割为上中下三个不规则区域，中间为建筑，上下为文字，清晰、大气。

倾斜的图形使得中间产生了平行四边形的图形效果。为了呼应该图形，设计师在建筑图片的左边也摆放了黑色的平行四边形，使得封面产生了空间的距离感。

11.1.4 同类作品欣赏

11.1.5 项目实战

操作步骤：

1.制作书籍封面

步骤/01 执行"文件>新建"命令，新建一个"宽度"为170mm，"高度"为240mm的竖向空白文档，以当前画面作为书籍封面的绘制区域。

步骤/02 制作书脊画板。选择工具箱中的"画板工具"，在封面画板左侧绘制画板。在控制栏中设置"宽度"为20mm，"高度"为240mm。

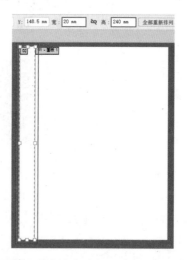

步骤/03 在"画板工具"使用状态下，将封面画板选中，按住Alt键向左拖动的同时按住Shift键，这样可以保证画板在同一水平线上移动。至书

脊左侧位置时释放鼠标，即可将画板复制一份。

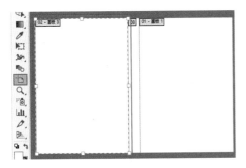

步骤/04 选择工具箱中的"矩形工具"，在控制栏中设置"填充"为灰色，"描边"为无。设置完成后绘制一个与封面画板等大的矩形。

步骤/05 在灰色矩形上方添加其他图形。选择工具箱中的"钢笔工具"，在控制栏中设置"填充"为蓝黑色。设置完成后在灰色矩形下半部分绘制图形。

步骤/06 在封面右侧置入建筑素材"1.jpg"。调整其大小后将其放在封面画板右侧位置。

步骤/07 使用"钢笔工具"，在控制栏中设置"填充"为黑色，"描边"为无。设置完成后在素材上方绘制图形。将该图形复制一份放在画板外，以备后面操作使用。

步骤/08 将黑色图形和底部素材选中，使用快捷键Ctrl+7创建剪切蒙版，将素材不需要的部分进行隐藏处理。

步骤/09 选中画板外的黑色图形，在控制栏中设置"填充"为深青色。设置完成后将其放在建筑素材上方。

步骤/10 将图形选中，在打开的"透明度"面板中设置"混合模式"为"混色"。

步骤/11 效果如图所示。

步骤/12 在素材上方添加直线段，丰富版面细节效果。选择工具箱中的"直线段工具"，在控制栏中设置"填充"为无，"描边"为黑

色，"粗细"为2pt。设置完成后在素材上方绘制直线段。

步骤/13 继续使用该工具，在控制栏中设置"粗细"为1pt。设置完成后在已有直线段下方绘制一条稍细一些的直线段。

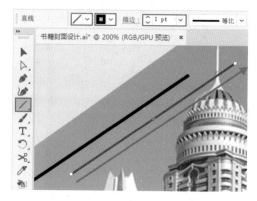

步骤/14 将绘制完成的两条直线段选中，复制一份放在素材下方，并对其长短进行适当调整。

步骤/15 制作标志。选择工具箱中的"椭圆工具"，在控制栏中设置"填充"为无，"描边"为青色，"粗细"为1pt。设置完成后在封面

左上角绘制一个小正圆。

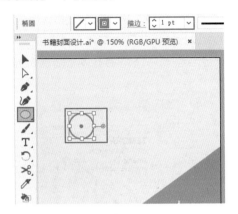

步骤/16 在描边正圆内部添加直线段，丰富细节效果。选择工具箱中的"直线段工具"，在控制栏中设置"填充"为无，"描边"为青色，"粗细"为1pt。设置完成后在正圆内部绘制直线段。

步骤/17 将绘制完成的直线段选中，复制两份放在已有直线段下方。

步骤/18 在标志右侧添加文字。选择工具箱中的"文字工具"，在标志右侧输入合适的文字。在控制栏中设置"填充"为黑色，"描边"

为无，同时设置合适的字体、字号。

步骤/19 对标志文字形态进行调整。将文字选中，在打开的"字符"面板中单击"全部大写字母"按钮，将文字字母全部调整为大写形式。

步骤/20 使用同样的方法，在已有文字下方继续输入文字，并将文字字母调整为大写形式。

步骤/21 在封面中添加书名文字。选择工具箱中的"文字工具"，在封面上半部分输入文字。在控制栏中设置"填充"为黑色，"描边"为无，同时设置合适的字体、字号，并单击"左对齐"按钮。

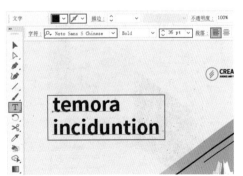

步骤／22 对输入的主标题文字形态进行调整。将文字选中，在打开的"字符"面板中设置"行距"为40pt。同时单击"全部大写字母"按钮，将文字字母全部调整为大写形式。

步骤／23 对主标题第二行文字颜色进行更改。在"文字工具"使用状态下，将第二行文字选中，在控制栏中设置"填充"为青色。

步骤／24 使用"文字工具"，在封面画板中的合适位置输入其他文字。

2.制作书脊和封底

步骤／01 选择工具箱中的"矩形工具"，在控制栏中设置"填充"为灰色，"描边"为无。设置完成后绘制一个与书脊画板等大的矩形。

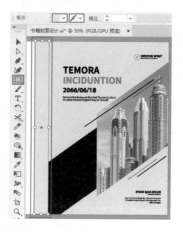

步骤／02 将标志和部分文字选中，复制一份并调整位置与文字大小，然后将其放在书脊顶端。

步骤／03 使用"文字工具"，在文档空白位置输入合适的文字，然后将其适当旋转，放在书脊部位。至此书脊制作完成。

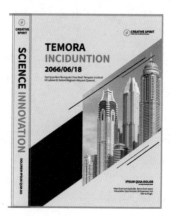

步骤/04 制作封底。将封面背景矩形、装饰不规则图形和直线段选中，复制一份放在封底画板中。

步骤/05 单击鼠标右键，在弹出的快捷菜单中选择"变换>镜像"命令，在弹出的"镜像"对话框中选中"垂直"单选按钮。设置完成后单击"确定"按钮。

步骤/06 效果如图所示。

步骤/07 将标志复制一份，放在封底左上

角。此时书籍的封面、书脊、封底平面图制作完成。

3.制作书籍立体展示效果

步骤/01 选择工具箱中的"画板工具"，绘制一个大小合适的画板。

步骤/02 制作背景矩形。选择工具箱中的"矩形工具"，在控制栏中设置任意的填充颜色，设置"描边"为无。设置完成后绘制一个与画板等大的矩形。

步骤/03 为背景矩形添加渐变色。将矩形选中，在打开的"渐变"面板中设置"类型"为"径向渐变"，"角度"为51°，"长宽比"为95%。设置完成后编辑一个灰色系的渐变。

步骤/04 效果如图所示。

步骤/05 为渐变背景矩形添加纹理。将渐变矩形选中，执行"效果>纹理>龟裂缝"命令，在打开的"龟裂缝"对话框中设置"裂缝间距"为30，"裂缝深度"为3，"裂缝亮度"为10。设置完成后单击"确定"按钮。

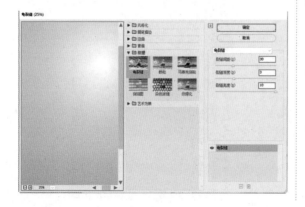

步骤/06 效果如图所示。

步骤/07 制作书籍的立体展示效果。将封面所有图形对象选中，复制一份放在画板外。选中复制得到的封面文字，单击鼠标右键，在弹出的快捷菜单中选择"创建轮廓"命令，将文字创建轮廓，这样可以保证文字在自由变换过程中不会发生变形扭曲。将所有封面图形选中，使用快捷键Ctrl+G进行编组。

步骤/08 选择工具箱中的"自由变换工具"，在弹出的小工具箱中单击"自由扭曲"按钮。拖动图形锚点，对其进行变形处理，使其呈现出一定的立体状态。

步骤/09 使用同样的方法，制作出书脊的立体展示效果。

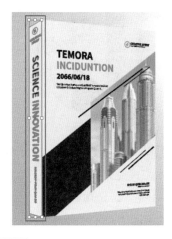

步骤/10 在立体封面底部添加投影。选择工具箱中的"钢笔工具"，在控制栏中设置"填充"为黑色，"描边"为无。设置完成后在封面底部绘制一个不规则图形。

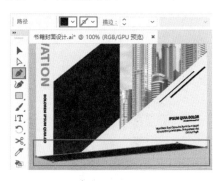

步骤/11 对投影图形进行模糊处理，增强效果真实性。将图形选中，执行"效果>模糊>高斯模糊"命令，在弹出的"高斯模糊"对话框中设置"半径"为10像素。设置完成后单击"确定"按钮。

步骤/12 将阴影图形选中，调整图层顺序。

调整完成后将阴影图形摆放在封面和书脊图形后面。

步骤/13 由于光线在右上角，因此书脊部位应该是暗部。选择工具箱中的"钢笔工具"，在控制栏中设置"填充"为黑色，"描边"为无。设置完成后绘制出书脊轮廓。

步骤/14 将该图形选中，在控制栏中设置"不透明度"为40%。

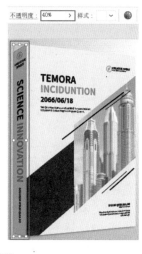

步骤/15 将制作完成的立体书籍的展示图形选中，使用快捷键Ctrl+G进行编组。将编组的立体

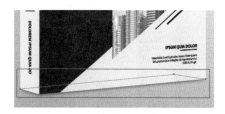

书籍图形选中，复制一份放在已有立体书籍右侧。

步骤16 在两个书籍中间添加投影。选择工具箱中的"钢笔工具"，在控制栏中设置"填充"为深灰色，"描边"为无。设置完成后在两个立体书籍之间绘制投影图形。

步骤17 为投影图形添加渐变色。将图形选中，在打开的"渐变"面板中设置"类型"为"线性渐变"，"角度"为177°。设置完成后编辑一个由深灰色到透明的渐变，同时设置左侧滑块的"不透明度"为30%。

步骤18 效果如图所示。

步骤19 选中阴影图形，执行"效果>模糊>高斯模糊"命令，在打开的"高斯模糊"对话框中设置"半径"为10像素。

步骤20 效果如图所示。（由于投影图形的不透明度较低，设置的高斯模糊效果不是很明显，在操作时需要仔细观察。）

步骤21 将制作完成的阴影图形选中，调整图层顺序，将其摆放在两本书之间。至此本案例制作完成。

11.2 书籍内页排版

11.2.1 设计思路

案例类型：

本案例为社科类书籍内页版面的设计项目。

项目诉求：

作为书籍内页的排版，在将主要内容准确无误地排布在版面的基础上，还要注重版面的美化。版面的装饰风格需要与书籍风格相匹配，并且能够传达一定的主旨、内涵。

设计定位：

需要排布在版面中的内容全部为文字信息，所以在版面的设计中要尤其注意读者阅读时的体验。试想读者展开书籍看到的全部是连续不断的文字，必然会给人带来不小的"阅读压力"。而图文结合的版面则会较好地缓解大量文字带来的"窒息感"。由于目前的版面中没有任何提供的图像元素，所以就需要在版面中添加一些与书籍风格、文章内容相匹配的图形元素。

在这里以圆形为主要视觉符号。与具象的图形或图像相比，这种几何图形指向性并不是特别强，所以也就比较"百搭"，可以较好地适配不同内容的文章。而且实体和镂空的圆形相结合，不会造成沉闷之感。

11.2.2 配色方案

与儿童类书籍相比，社科类书籍的配色通常比较简单。更多的是主张色彩尽量少，与书籍内容格调一致即可。这种情况下可以尝试以黑、白、灰这样无彩色为主导，搭配某一种色彩。这样简单直接的配色方式就非常适合了。

主色：

本案例选择浅灰色作为页面的底色。大面积出现的浅灰色底色，结合稍深一些的灰色边缘，弱化了白底黑字带来的强烈的反差感。

辅助色：

如果以面积的大小来限定，当前版面中的主色必然是灰色，土黄色只能被称作为辅助色。但如果从视觉张力的角度来看，土黄色在当前画面中起到了绝对的主导作用。这种明度、饱和度适中的色彩，在传达了黄色所带有的"温暖""收获"的意味之外，还营造了一种平和、包容的氛围。

点缀色：

黑色、白色、灰色都是比较"百搭"的颜色，在以浅灰色为主的版面中，黑色的文字显得较为清晰。而且黑色是品质、庄严、正式的象征，运用在文字和图形中，可以起到稳定画面的作用。

其他配色方案：

延续无色彩的配色方案，本案例可以将内页中的土黄色替换为橘红色，为版面增添一抹亮丽的色彩，十分引人注目。这种配色适合于文字内容更加"外放"的版面。

除此之外，蓝色也是社科类书籍设计项目中常用的一种颜色。更适合于表现理性或使用在与科学相关的内容展示中。

11.2.3 版面构图

本案例将需要排版的文字内容分为两个部分，左页文字较少，右页文字较多。所以左侧页面重在版面的美化，右侧页面则重在信息的传达。

左侧页面基本为上图下文的版面形式，图形部分由多个正圆图形组合而成。这些圆形以大小不同、疏密有致的形式排列在画面中。部分圆形以土黄色纯色的形式出现，而另外一些以黑色线条状镂空图案的形式出现，有效地为版面营造出了空间感。

右侧页面为书籍中典型的两栏式构图，标题文字加粗，直接而醒目。大段正文使用了易识别的字体，合适的行间距以及段间距营造了比较舒适的阅读体验。

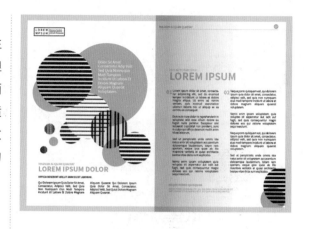

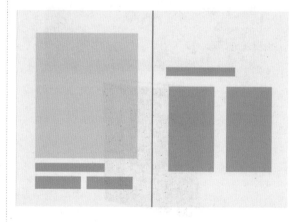

11.2.4 同类作品欣赏

11.2.5 项目实战

操作步骤:

1.制作左侧内页

步骤/01 新建一个A4纸大小的横向空白文档。选择工具箱中的"矩形工具",在控制栏中设置"填充"为灰色,"描边"为无。设置完成后绘制一个与画板等大的矩形。

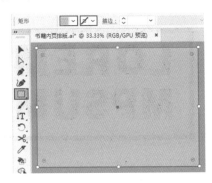

步骤/02 使用"矩形工具",在控制栏中设置"填充"为浅灰色,"描边"为无。设置完成后绘制一个比画板稍小一些的矩形,增强视觉层次感。

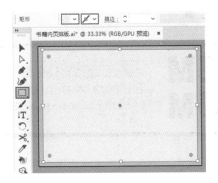

步骤/03 制作左侧内页效果。选择工具箱中的"矩形工具",在控制栏中设置"填充"为无,"描边"为黑色,"粗细"为1pt。设置完成后在画板左上角绘制一个描边矩形。

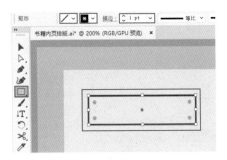

步骤/04 在矩形框内输入文字。选择工具箱中的"文字工具",在矩形框左侧输入文字。在控制栏中设置"填充"为黑色,"描边"为无，同时设置合适的字体、字号。

步骤/05 继续使用"文字工具"，在已有文字右侧，按住鼠标左键拖动绘制文本框，绘制完成后在文本框中输入合适的文字。在控制栏中设置"填充"为黑色，"描边"为无，同时设置合适的字体、字号，单击"左对齐"按钮。

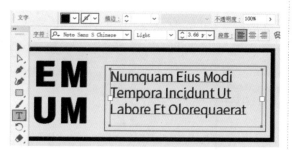

步骤/06 此时文字过于紧凑，需要对字符间距进行适当的调整。将段落文字选中，在打开的"字符"面板中设置"字间距"为55。

步骤/07 效果如图所示。

步骤/08 在文字之间绘制直线段作为分割线。选择工具箱中的"直线段工具"，在控制栏中设置"填充"为无，"描边"为深灰色，"粗细"为1pt。设置完成后在文字之间，按住鼠标左键向下拖动的同时按住Shift键，自上向下绘制一个垂直线段。

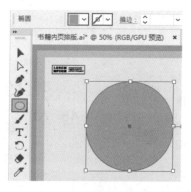

步骤/09 绘制左侧内页的主体图形。选择工具箱中的"椭圆工具"，在控制栏中设置"填充"为土黄色，"描边"为无。设置完成后在左侧内页中绘制一个正圆。

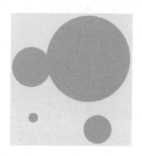

步骤/10 继续使用该工具，在已有正圆的左侧和下方绘制相同颜色，但大小不同的正圆。

步骤/11 使用"椭圆工具"，在控制栏中设置"填充"为浅灰色，"描边"为无。设置完成后在已有黄色正圆上方绘制正圆。

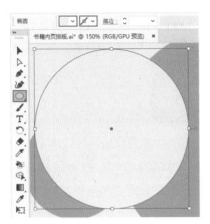

步骤/12 将浅灰色正圆选中，按快捷键Ctrl+C进行复制，按快捷键Ctrl+F进行原位粘贴。选中复制得到的正圆，执行"窗口>色板库>图案>基本图形>基本图形_线条"命令，在打开的"基本图形_线条"面板中选择合适的图案，即可为正圆添加相应的线条效果。

步骤/13 将线条正圆和底部浅灰色正圆选中，使用快捷键Ctrl+G进行编组。

步骤/14 将编组正圆选中，在打开的"透明

度"面板中设置"混合模式"为"正片叠底"。

步骤/15 效果如图所示。

步骤/16 使用同样的方法，制作不同类型的图案正圆，将其摆放在左侧内页的合适位置。同时对其图层顺序以及混合模式进行调整，丰富整体视觉效果。

步骤/17 在主体图形下方添加文字。选择工具箱中的"文字工具"，在正圆下方输入文字。在控制栏中设置"填充"为黑色，"描边"为无，同时设置合适的字体、字号。

步骤／18 对文字形态进行调整。将输入的文字选中，在打开的"字符"面板中单击"全部大写字母"按钮，将文字字母全部设置为大写形式。

步骤／19 效果如图所示。

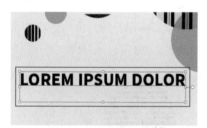

步骤／20 使用"文字工具"，在控制栏中设置合适的字体、字号。设置完成后在已有文字上方和底部输入合适的点文字和段落文字。至此左侧内页制作完成。

2.制作右侧内页

步骤／01 制作右侧内页的页眉。选择工具箱中的"直线段工具"，在控制栏中设置"填

充"为无，"描边"为灰色，"粗细"为1pt。设置完成后在右侧内页顶部绘制一条直线段。

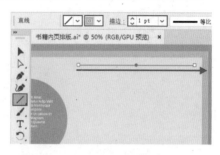

步骤／02 在直线段左侧添加文字。选择工具箱中的"文字工具"，在直线段左侧输入文字。在控制栏中设置"填充"为灰色，"描边"为无，同时设置合适的字体、字号。

步骤／03 制作页码数字。选择工具箱中的"椭圆工具"，在控制栏中设置"填充"为土黄色，"描边"为无。设置完成后在直线段右侧绘制一个小正圆。

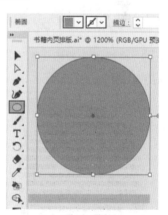

步骤／04 使用"文字工具"，在黄色小正圆上方输入页码数字。在控制栏中设置"填充"

为浅灰色，"描边"为无，同时设置合适的字体、字号。

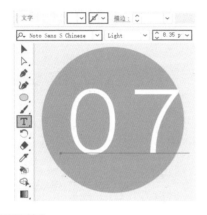

步骤/05　由于数字之间的字符间距过大，需要将其适当缩小。将数字选中，在打开的"字符"面板中设置"字符间距"为-200。

步骤/06　此时可以看到，数字变得紧凑了一些。

步骤/07　此时页眉效果如图所示。

步骤/08　使用"文字工具"，在右侧内页

的空白位置输入多组点文字，以此作为标题及小段文字。

步骤/09　使用"文字工具"绘制两个文本框，并输入两大段文字。在控制栏中设置合适的填充颜色、字体、字号。同时在"字符"面板中对文字形态进行适当调整。

步骤/10　将左侧内页中的黄色正圆和线条图案正圆选中两个，并进行复制，调整大小后放在右下角位置。将两个图形选中，使用快捷键Ctrl+G进行编组。

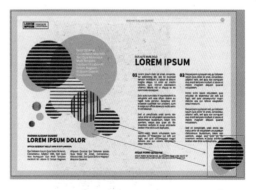

步骤/11　选择工具箱中的"矩形工具"，

在控制栏中设置"填充"为黑色，"描边"为无。设置完成后在编组图形上方绘制一个矩形，确定需要保留的区域。

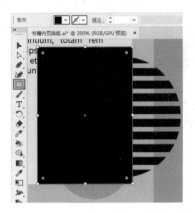

步骤/12 将黑色矩形和底部编组正圆选中，使用快捷键Ctrl+7创建剪切蒙版，将编组正圆不需要的部分进行隐藏处理。

步骤/13 制作右侧内页的起伏效果。选择工具箱中的"矩形工具"，在控制栏中设置任意的填充颜色，设置"描边"为无。设置完成后在右侧内页上方绘制矩形。

步骤/14 将矩形选中，在打开的"渐变"面板中设置"类型"为"线性渐变"，"角度"为-180°。设置完成后编辑一个黑色到透明的渐变，同时设置黑色滑块的"不透明度"为30%。

步骤/15 效果如图所示。

步骤/16 至此本案例制作完成，效果如图所示。

第 12 章

包装设计中的图形创意

　　商品包装设计是围绕商品包装进行设计的过程，是一种实现商品价值和使用价值的手段，也是品牌形象的再次延伸。包装设计又称为形体设计，"包"是对产品进行精细的包裹；"装"是对产品的装饰，它们以视觉形式美表现出来，既能保护好产品的安全，又能带来视觉美感。

　　包装设计的研究重点主要集中在色彩、材质、形状、构图、文字、创意等方面。而图形的运用，不仅需要考虑到处于平面上的展示效果，更需要结合产品包装的形态、材质等要素综合考量。

12.1 化妆品包装设计

12.1.1 设计思路

案例类型：

本案例是一款化妆品包装设计项目。

项目诉求：

这款化妆品以某种珍稀植物的提取物为主要原材料，主打植物护肤、草本养肤的理念，面向爱美的年轻女性消费群体。因此本案例要以展现产品特点为主，并结合女性消费特性以及心理需求，打造出易于被消费者接受的产品包装。

设计定位：

根据这款产品特征，本案例将包装整体风格定位为自然、简洁、雅致。产品主打珍稀植物提取，所以可将该植物作为主体物呈现在包装上。为了符合包装整体风格，此处植物以水彩画的效果呈现。相对于实拍的照片，绘画虽然丧失了部分的真实感，但也正是这种介于真实与虚幻之间的表现形式，更容易营造出与众不同的意蕴。

12.1.2 配色方案

使用淡色作为主色调，一方面可以突显产品特性，另一方面瞬间拉近与受众距离，获取信赖感。包装中使用到的颜色全部来源于作为包装主体的水彩植物图像。这是最便捷、也是给人最直观感受的配色方式。花蕊的橙色以及花瓣的颜色，这两种颜色都比较淡雅，与产品调性十分吻合。

主色：

由于水彩植物的色彩是特定的，所以可尝试从中选取色彩。水彩植物本身就有比较浓郁的色彩，一个是花蕊处的橙色，另一个是茎叶上的深绿色。橙色偏暖，深绿色则有些偏冷。暖色更容易拉进与消费者的心理距离，所以此处选择了橙色作为主色。这种颜色主要应用在顶部的产品名称以及底部的装饰图形中。

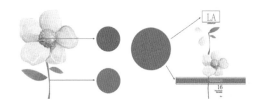

辅助色：

产品包装上的水彩植物图像，主色橙色所占的比例并不是很大，花瓣中淡淡的黄色占据了较大的面积。不同明度与纯度的橙色对比，统一中又不失层次感。

点缀色：

水彩植物图像中的绿色作为点缀色出现，较好地调和了画面中过多的"温暖"感。使由暖色构成的包装不至于显得过于"燥热"。

其他配色方案：

用高明度的橙色替换白色，并作为包装的背景色。以橙色温暖、柔和的色彩特征，突显产品温和护肤的特性。

提到天然、纯净，总会让人联想到绿色，它也是化妆品中常用的颜色。将它运用到包装中，能够较好地迎合受众心理需求。

12.1.3 版面构图

在进行包装设计时，要考虑到包装的立体结构以及展开之后的形态。例如此处的圆柱形瓶，将包装展开为平面时为较宽的矩形，布置画面元素时要考虑到圆柱体展示在消费者面前的区域范围。

本案例包装中的主要元素为水彩植物。为配合该元素的形态，包装采用中轴型的构图方式，将主要元素在版面中间部位呈现，标志放在顶部，更加醒目。

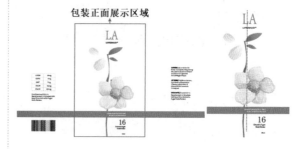

12.1.4 同类作品欣赏

12.1.5 项目实战

操作步骤：

1.制作包装平面图

步骤/01　新建一个长宽均为15cm的空白文档。

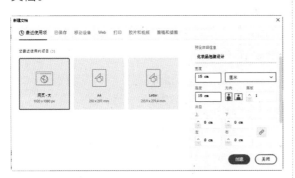

步骤/02　选择工具箱中的"矩形工具"，在控制栏中设置"填充"为白色，"描边"为

无，设置完成后绘制一个与画板等大的矩形。

步骤/03　制作标志。选择工具箱中的"文字工具"，在版面顶部输入文字，然后在控制栏中设置"填充"为橘色，"描边"为无，同时设置合适的字体、字号。

步骤/04　继续使用"文字工具"，在标志文字下方输入文字。

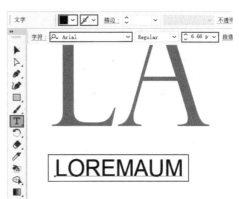

步骤/05 选中文字，在打开的"字符"面板中设置"行间距"为20，将文字之间的距离适当拉大。

步骤/06 使用"文字工具"，在副标题文字右上角添加商标标识，至此品牌标志制作完成。

LA
LOREMAUM®

步骤/07 从案例效果中可以看出花朵由枝干、花瓣、花叶组成，首先制作枝干。选择工具箱中的"钢笔工具"，在控制栏中设置"填充"为深绿色，"描边"为无，设置完成后在版面中间部位绘制图形。

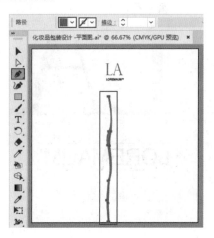

步骤/08 选择工具箱中的"钢笔工具"，在控制栏中设置"填充"为无，"描边"为橄榄绿色，"粗细"为1pt。设置完成后在枝干中间部位绘制图形。

步骤/09 使用同样的方法，在已有图形上方继续绘制图形。

步骤/10 绘制花瓣。选择工具箱中的"钢笔工具"，在控制栏中设置"描边"为无。设置完成后在枝干左侧绘制图形。

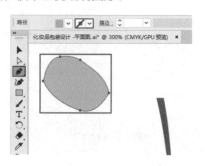

步骤/11 为花瓣填充渐变色。将绘制完成的花瓣选中，执行"窗口>渐变"命令，在打开的"渐

变"面板中设置"类型"为"线性渐变","角度"为-73°。设置完成后编辑一个黄色系的渐变。

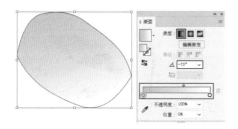

步骤/12 选择工具箱中的"画笔工具",在控制栏中设置"填充"为无,"描边"为浅灰色,"粗细"为0.5pt,"画笔定义"为"5点圆形","不透明度"为76%。设置完成后在渐变花瓣上方绘制曲线。

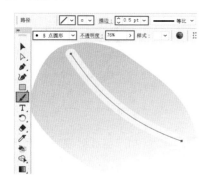

步骤/13 使用"画笔工具",在渐变花瓣上方绘制两条曲线。

步骤/14 使用同样的方法制作另一片花瓣。

步骤/15 制作叶子。使用"钢笔工具",在选项栏中设置"描边"为无。设置完成后在枝干右侧绘制叶子图形。

步骤/16 为叶子填充渐变色。将绿叶选中,在打开的"渐变"面板中设置"类型"为"线性渐变","角度"为0°。设置完成后编辑一个由绿色到橘色的渐变。

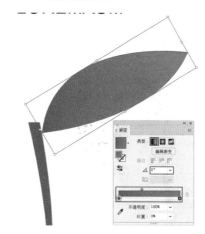

步骤/17 使用同样的方法制作另外一片渐变绿叶,并将其放在已有绿叶的下方位置。选中构成整个花朵图形的所有图形,使用快捷键Ctrl+G进行编组。

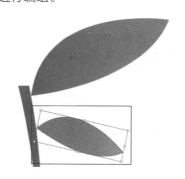

步骤／18 为花朵图形添加纹理，增强质感。执行"效果>艺术效果>粗糙蜡笔"命令，在弹出的"粗糙蜡笔"对话框中设置"描边长度"为8，"描边细节"为4，"纹理"为"画布"，"缩放"为92%，"凸现"为9，"光照"为"下"。设置完成后单击"确定"按钮。

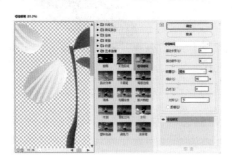

步骤／19 执行"效果>素描>水彩画纸"命令，在弹出的"水彩画纸"对话框中设置"纤维长度"为15，"亮度"为55，"对比度"为70。设置完成后单击"确定"按钮。

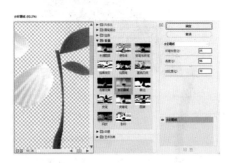

步骤／20 执行"效果>纹理>纹理化"命令，在弹出的"纹理化"对话框中设置"纹理"为"画布"，"缩放"为89%，"凸现"为4，"光照"为"上"。设置完成后单击"确定"按钮。

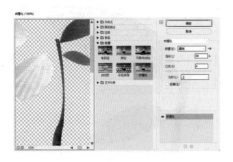

步骤／21 此时图形效果如图所示。

步骤／22 打开素材"1.ai"，将其中的花朵素材选中，使用快捷键Ctrl+C复制一份。然后回到当前操作文档，使用快捷键Ctrl+V进行粘贴。将其适当放大后，放在已有花朵图形的枝干部位。

步骤／23 绘制产品成分表。选择工具箱中的"矩形网格工具"，在文档空白位置单击，在弹出的"矩形网格工具选项"对话框中设置"宽度"为30mm，"高度"为22mm，"水平分割线数量"为4，"垂直分割线数量"为1。设置完成后单击"确定"按钮。

步骤/24 使用"选择工具",选中矩形网格,在控制栏中设置"填充"为无,"描边"为黑色,"粗细"为0.3pt。并将其移动至花朵素材左侧位置。

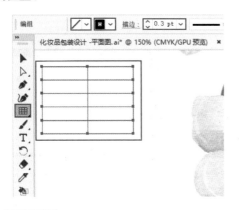

步骤/25 在矩形网格内部添加文字。选择工具箱中的"文字工具",在第一个网格中输入文字。在控制栏中设置"填充"为黑色,"描边"为无,同时设置合适的字体、字号。

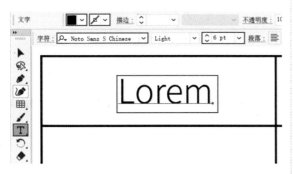

步骤/26 调整文字的字间距以及字母大写样式。将文字选中,在打开的"字符"面板中设置"字间距"为-60,并单击"全部大写字母"按钮,将文字字母全部设置为大写形式。

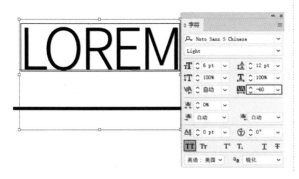

步骤/27 使用"文字工具",在其他单元格中输入文字。

LOREM	24 mg
ADIPIS	5 mg
AMET	7 mg
IPSUM	63 mg
DOLOR	180 mg

步骤/28 添加段落文字。选择工具箱中的"文字工具",在表格下方绘制文本框,完成后输入合适的文字。在控制栏中设置"填充"为黑色,"描边"为无,同时设置合适的字体、字号,"对齐方式"为左对齐。

步骤/29 使用"文字工具",在花朵右侧绘制文本框,并输入合适的段落文字。在控制栏中设置合适的填充颜色、字体、字号,并在"字符"面板中对文字形态进行调整。

步骤/30 绘制矩形。选择工具箱中的"矩形工具",在控制栏中设置"填充"为橙色,

"描边"为无。设置完成后在底部花朵素材下方绘制一个长条矩形。

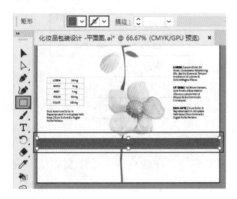

步骤/31 使用"文字工具"，在橙色矩形中间和其下方输入合适的文字。

步骤/32 将条形码素材"3.png"置入，调整大小放在版面左下角位置，此时第一款化妆品包装的平面图制作完成。

步骤/33 第二款产品的包装平面图内容没有变化，区别在于平面图的宽度。使用"画板工具"，单击控制栏中的"新建画板"按钮，在右侧得到一个画板，并在控制栏中设置"宽度"为250mm。

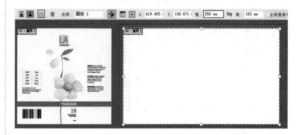

步骤/34 将制作完成的平面图的所有对象选中，复制一份放在右侧位置。将背景和橙色矩形适当加宽，然后对文字对象进行大小与摆放位置的调整。

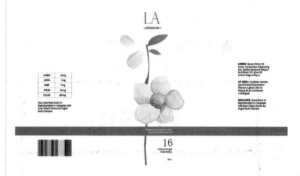

2.制作立体展示效果

步骤/01 将化妆品包装素材"2.jpg"置入，调整大小，将其放在文档右侧。

步骤/02 制作左侧立体包装展示效果。选

择工具箱中的"钢笔工具"，在控制栏中设置"填充"为黑色，"描边"为无。设置完成后绘制出左侧立体模型瓶身的轮廓。

步骤/03 将版面最左侧的平面图所有对象选中，使用快捷键Ctrl+G进行编组。同时将编组图形复制一份放在黑色轮廓图下方，并将其适当缩小。

步骤/04 将黑色图形和平面图选中，使用快捷键Ctrl+7创建剪切蒙版，将平面图不需要的部分隐藏。

步骤/05 将平面图选中，在打开的"透明度"面板中设置"混合模式"为"正片叠底"。

步骤/06 使用同样的方法，制作右侧的包装立体展示。至此两种不同的化妆品包装制作完成。

12.2 儿童玩具包装盒

12.2.1 设计思路

案例类型：

本案例是一款儿童玩具的包装盒设计项目。

项目诉求：

这是一款面向0~7岁儿童的智能宠物玩具小熊，意在为孩子们打造快乐、温馨、美好的童年生活。因此整个包装要以童趣、可爱为出发点，旨在抓住儿童的注意力，另外适当地起到宣传品牌的作用。

设计定位：

根据产品特点，本案例将包装的整体风格定位为可爱、童趣。将产品直接展示在包装上，更能够吸引消费者注意力。在文字方面，采用圆润的卡通字体，同时为文字叠加五彩斑斓的布料感材质，让整体视觉效果更加饱满。

12.2.2 配色方案

提到毛绒玩具，给人的第一印象就是柔软、可爱。因此包装整体以暖色调为主，以适中的明度突显产品特征，同时将版面其他对象清楚地突显出来。

主色：

主色直接取自小熊本身的颜色，该颜色贯穿于包装盒的各个面。这种高明度的灰调浅驼色给人一种慵懒、舒适、柔软的视觉感受。

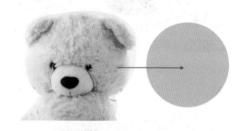

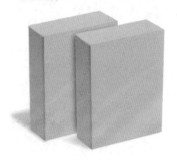

辅助色:

大面积的浅驼色不免让包装过于枯燥乏味,因此选择白色作为辅助色。白色以其较高的明度给人纯洁、干净之感,正好与儿童的纯真特性相吻合,而且白色上方摆放品牌文字会被衬托得更加清晰。

点缀色:

由于儿童具有天真、活泼的特性,因此直接将品牌的彩色文字摆放于白色图形之上。以红色、橙色、蓝色、绿色等色彩组合成产品名称,画面更活泼、童趣。

其他配色方案:

此外,本案例也可以将淡淡的灰调浅黄色作为主色,以其包容、温暖的特征,很好地展示产品的特性。还可以将浅粉色作为主色,粉色代表美好的情感。由于粉色不会像鲜艳的红色过于张扬与醒目,同时又格外温暖浪漫,与产品特性十分吻合。

12.2.3 版面构图

本案例整体采用分割型的构图方式,运用曲线将版面进行分割。相对于单纯的直线来说,曲线具有灵动活跃的视觉效果。包装上半部分作为产品展示区域。如果下半部分也是产品图像,那么包装就会显得单调,而且在排版品牌文字时,也会非常杂乱。所以在下方保留白色区域,并以卡通感的形态和多彩的颜色展示产品名称。

12.2.4 同类作品欣赏

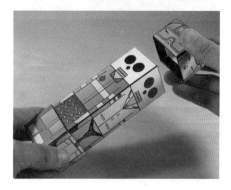

12.2.5 项目实战

操作步骤：

1.制作包装平面图背景

步骤/01 绘制包装的平面展开图。新建一个大小合适的横向空白文档。选择工具箱中的"矩形工具"，在控制栏中设置"填充"为"黑色"（为了便于观察），"描边"为无。设置完成后在版面上半部分绘制图形。

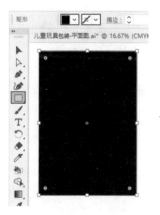

步骤/02 绘制侧面图形。使用"矩形工具"，在控制栏中设置"填充"为浅驼色，"描边"为无。设置完成后在黑色矩形左侧绘制图形。

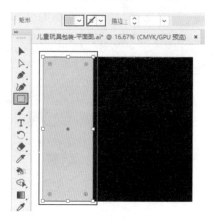

步骤/03 制作侧面摇盖图形。选择工具箱中的"钢笔工具"，在控制栏中设置"填充"为浅驼色，"描边"为无。设置完成后在侧面矩形顶部绘制不规则图形。

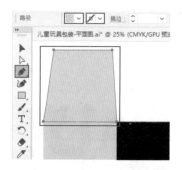

步骤/04 将侧面摇盖图形选中，单击鼠标右键，在弹出的快捷菜单中选择"变换>镜像"命令，在打开的"镜像"对话框中选中"水平"单选按钮。设置完成后单击"复制"按钮。

步骤/05 将图形进行水平翻转，同时复制一份。将复制得到的图形放在侧面矩形的底部。

步骤/06 将制作完成的侧面矩形以及上下两个摇盖选中，单击鼠标右键，在弹出的快捷菜单中选择"变换>镜像"命令，在打开的"镜像"对话框中选中"垂直"单选按钮。设置完成后单击"复制"按钮。

步骤/07 将复制得到的图形移动至对应的右侧位置。

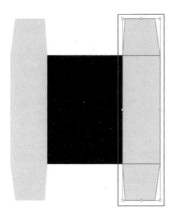

步骤/08 制作与正面连接的摇盖图形。选择工具箱中的"矩形工具"，在控制栏中设置"填充"为浅驼色，"描边"为无。设置完成后在黑色矩形上方绘制图形。

步骤/09 使用同样的方法，在已有矩形顶部再次绘制一个相同颜色的小矩形。

步骤/10 由于包装摇盖中的插舌外边缘一侧是圆角，因此需要将矩形外侧的两个尖角调整为圆角。将矩形选中，在"选择工具"使用状态下，将顶部两个角内部的圆点选中，然后按住鼠标左键向里拖动。

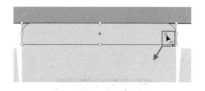

步骤/11 拖至合适位置时释放鼠标，即可将两个角由尖角调整为圆角。

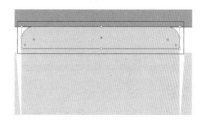

步骤/12 将正面以及两个侧面矩形选中，

复制一份，放在版面下半部分，作为包装展开的另外一个正面和侧面。

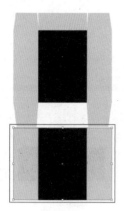

步骤/13 将与正面相连接的摇盖图形选中，单击鼠标右键，在弹出的快捷菜单中选择"变换>镜像"命令，在打开的"镜像"对话框中选中"水平"单选按钮。设置完成后单击"复制"按钮。

步骤/14 将图形进行水平翻转，同时复制一份。将复制得到的图形放在另一个正面底部。

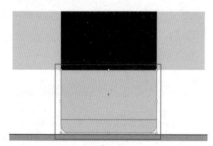

步骤/15 选择工具箱中的"矩形工具"，在控制栏中设置"填充"为浅驼色，"描边"为无。设置完成后在两个正面中间的空白位置绘制

矩形，将两个正面连接起来。

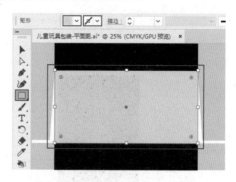

步骤/16 将正面矩形颜色更改为白色。此时整个包装平面展开图的背景制作完成。

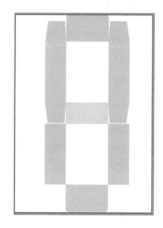

2.制作包装正面

步骤/01 在展开图正面添加小熊素材。将小熊素材"1.png"置入，适当放大后放在正面矩形上方。

步骤/02 对小熊进行对称处理。将小熊素材选中，单击鼠标右键，在弹出的快捷菜单中选择"变换>镜像"命令，在打开的"镜像"对话框

中选中"垂直"单选按钮，将小熊进行垂直方向的翻转。设置完成后单击"确定"按钮。

步骤/03 效果如图所示。

步骤/04 小熊素材处于倾斜状态，需要将其调正。将小熊素材选中，把光标放在定界框一角，按住鼠标左键进行适当旋转，将其位置摆正。将调整完成的小熊素材复制一份，放在画板外，以备后面操作使用。

步骤/05 绘制前方的云朵图形。选择工具箱中的"矩形工具"，在控制栏中设置"填充"

为白色，"描边"为无。设置完成后在小熊素材下方绘制图形。

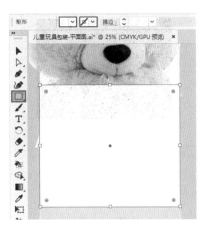

步骤/06 在白色矩形的顶部边缘添加椭圆，共同组成不规则的云朵花边效果。选择工具箱中的"椭圆工具"，在控制栏中设置"填充"为白色，"描边"为无。设置完成后在白色矩形左上角绘制图形。

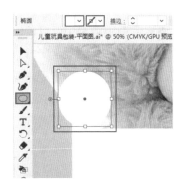

步骤/07 使用"椭圆工具"，以白色矩形顶部边缘为界限，绘制大小不同的椭圆。将所有椭圆选中，使用快捷键Ctrl+G进行编组。

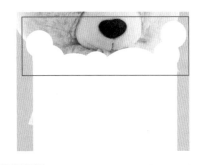

步骤/08 椭圆有超出正面矩形的部分，需

要对其进行隐藏处理。在椭圆上方绘制一个矩形，将编组椭圆形需要保留的区域覆盖住。

步骤/09 将编组椭圆以及顶部矩形选中，使用快捷键Ctrl+7创建剪切蒙版，将椭圆不需要的区域隐藏掉。

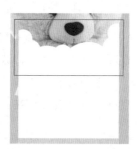

步骤/10 从案例效果中可以看出，小熊素材呈现在正面以及相连接的摇盖上方。首先制作正面的小熊图像。从当前操作步骤来看，置入的小熊素材有超出正面矩形的区域，因此通过执行"创建剪切蒙版"命令创建剪切蒙版，将素材不需要的部分进行隐藏。

步骤/11 使用同样的方法，制作出顶面显示的小熊素材。

步骤/12 至此正面的小熊图像制作完成。

步骤/13 在摇盖上方添加文字。选择工具箱中的"矩形工具"，在控制栏中设置"填充"为白色，"描边"为浅灰色，"粗细"为1pt。设置完成后在摇盖上方绘制矩形。

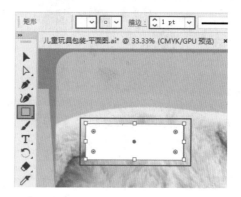

步骤/14 使用"矩形工具"，在控制栏中设置"填充"为白色，"描边"为浅灰色，"粗细"为1pt。设置完成后在已有矩形左侧绘制一个相同颜色的小矩形，设置其"不透明度"为50%。

步骤 15 将半透明的白色小矩形复制一份，放在对应的右侧。

步骤 16 制作产品名称文字。选择工具箱中的"文字工具"，在文档空白位置输入文字。在控制栏中设置"填充"为黑色，"描边"为无，同时设置合适的字体、字号。

步骤 17 对文字形态进行调整。将文字选中，在打开的"字符"面板中单击"全部大写字母"按钮，将文字字母全部调整为大写形式。

步骤 18 使用"文字工具"，在已有文字下方输入其他文字，并在"字符"面板中对文字

形态进行调整。

步骤 19 将文字对象转换为图形对象。将输入的文字选中，执行"对象>扩展"命令，在打开的"扩展"对话框中单击"确定"按钮。

步骤 20 此时使用"直接选择工具"将文字选中，可以看到在文字上方出现了可以进行操作的锚点。

步骤 21 将转换为图形对象的文字选中，单击鼠标右键，在弹出的快捷菜单中选择"取消编组"命令，将文字的编组取消。接着需要对单个文字进行变形，使用"直接选择工具"，将字母D选中，拖动锚点对文字进行变形处理。

步骤/22 使用同样的方法，对其他字母进行相应的变形处理，同时进行适当角度的旋转，营造一种卡通、活泼的视觉氛围。

步骤/23 为变形文字叠加图案，丰富视觉效果。将素材"4.jpg"置入，适当缩小后放在字母D上方。

步骤/24 调整图层顺序，将字母D摆放在素材上方。

步骤/25 将素材和字母D选中，使用快捷键Ctrl+7创建剪切蒙版，将素材不需要的部分进行隐藏处理。

步骤/26 在文字上方添加虚线描边，丰富文字细节效果。选择工具箱中的"钢笔工具"，在控制栏中设置"填充"为无，"描边"为绿色，单击"描边"下拉按钮，在弹出的下拉菜单

中设置"粗细"为2pt，同时选中"虚线"复选框，设置"虚线"为8pt，"间隙"为5pt。设置完成后沿着字母D的轮廓绘制虚线。

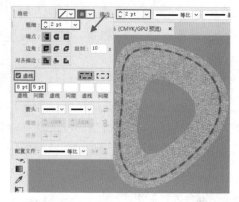

步骤/27 把字母D和虚线描边选中，使用快捷键Ctrl+G进行编组。接着对其进行适当的旋转。

步骤/28 使用同样的方法，制作字母Y和字母O。

步骤/29 对其他字母进行调整。将字母A选中，在控制栏中设置"填充"为红色。

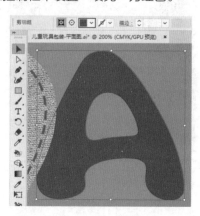

步骤/30 使用"钢笔工具"，在其上方添加一个相同粗细的虚线描边。

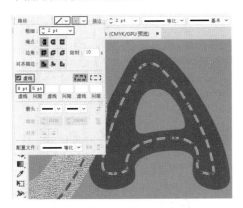

步骤/31 使用同样的方法，制作另外一个字母Y。

步骤/32 对字母T进行调整。将字母T选中，在控制栏中设置"填充"为蓝色，"描边"为浅灰色，同时设置相同的描边样式。

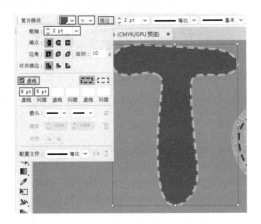

步骤/33 为字母T添加偏移路径后导致文字过宽，需要将路径适当缩小。在字母T选中状态下，执行"对象>路径>偏移路径"命令，在打开的"偏移路径"对话框中设置"位移"

为-3mm。设置完成后单击"确定"按钮。

步骤/34 将字母T进行适当角度的旋转。

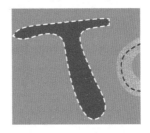

步骤/35 为字母I添加几何感图案。将素材"5.ai"打开，选中橙色几何感图案并复制一份，放在当前操作的文档中。

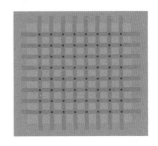

步骤/36 对几何感图案进行倾斜处理。选择工具箱中的"自由变换工具"，在打开的小工具箱中单击"自由变换"按钮，将光标放在定界框中间的控制点上方，按住鼠标左键向左拖动的同时按住Shift键，这样可以保证图形在水平线上倾斜。

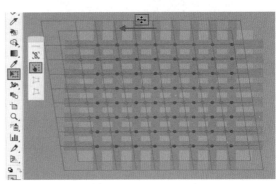

步骤／37 当移动至合适位置时释放鼠标，即可得到倾斜图形。

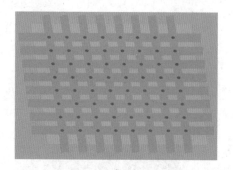

步骤／38 使用"自由变换工具"，对编组图形进行横向以及竖向不同倾斜角度的调整。

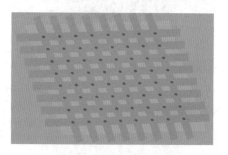

步骤／39 为字母I叠加制作完成的几何感图案。将图案复制一份，调整大小，并将其放在字母I下方。将字母I和底部图案选中，使用快捷键Ctrl+7创建剪切蒙版，对图案不需要的部分进行隐藏处理，同时将字母I进行适当的旋转。

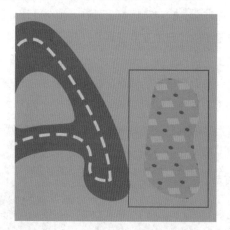

步骤／40 在字母I上方添加虚线描边。选择工具箱中的"钢笔工具"，在控制栏中设置"填充"为无，"描边"为棕色，同时设置相同的描

边样式。设置完成后在字母I内部绘制虚线描边。

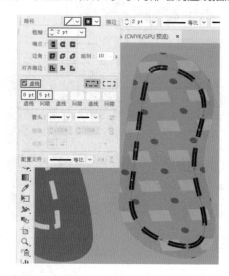

步骤／41 使用制作字母I的方法制作字母L和字母S，此时标志文字制作完成。将所有标志文字选中，执行"对象>扩展外观"命令，将其转化为图形对象，这样无论对标志进行扩大或者缩小，都不会让文字变形。

步骤／42 将制作完成的标志文字复制一份，适当缩小后放在摇盖上方的白色矩形的左侧。

步骤／43 在标志右侧添加文字。选择工具箱中的"文字工具"，在标志右侧输入文字，然后在

控制栏中设置合适的填充颜色、字体、字号。

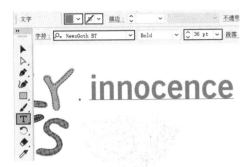

步骤/44 对文字形态进行调整。将文字选中，在打开的"字符"面板中设置"字间距"为-20，让文字变得紧凑一些。单击"全部大写字母"按钮，将文字字母全部调整为大写形式。

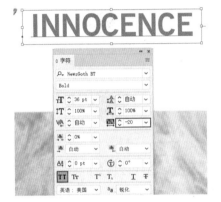

步骤/45 在已有文字下方添加段落文字。选择工具箱中的"文字工具"，在已有文字下方按住鼠标左键，拖动绘制文本框，并在文本框内输入合适的文字。在控制栏中设置合适的填充颜色、字体、字号。

步骤/46 将输入的段落文字选中，在打开的"字符"面板中设置"行间距"为24pt，"字间距"为40。

步骤/47 在摇盖右侧添加圆形标识文字。选择工具箱中的"椭圆工具"，在控制栏中设置"填充"为蓝色，"描边"为无。设置完成后在白色矩形右侧按住Shift键的同时按住鼠标左键，拖动绘制一个正圆。

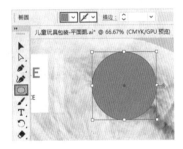

步骤/48 将蓝色正圆选中，使用快捷键Ctrl+C进行复制，使用快捷键Ctrl+F进行原位粘贴。在控制栏中设置"填充"为无，"描边"为浅灰色，"粗细"为4pt。设置完成后将光标放在定界框一角，按住Shift+Alt键的同时按住鼠标左键，将描边正圆进行等比例中心缩小。

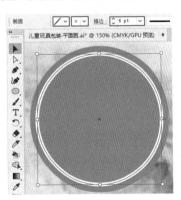

步骤/49 选择工具箱中的"文字工具"，在白色描边正圆内部输入文字，在控制栏中设置合适的填充颜色、字体、字号。

步骤/50 在文字之间绘制直线段，将其进行分割。选择工具箱中的"直线段工具"，在控制栏中设置"填充"为无，"描边"为白色，"粗细"为3pt。设置完成后在数字下方绘制一条直线段。

步骤/51 使用"直线段工具"，在数字"42"左侧绘制一条垂直直线段。

步骤/52 顶部摇盖效果如图所示。

步骤/53 在小熊鼻子上方添加云朵素材，营造可爱、活泼的视觉氛围。将云朵素材"2.png"置入，并将其适当缩小。

步骤/54 使用同样的方法，将云朵素材"3.png"置入，放在小熊图像下方位置，并进行垂直方向的翻转对称操作。

步骤/55 选中画板外的标志文字，复制一份，适当放大后，放在云朵素材上方，同时将字母L进行垂直方向的对称处理。

步骤/56 为字母I添加投影，增强视觉层次感。将字母I选中，执行"效果>风格化>投影"命令，在打开的"投影"对话框中设置"模式"为"正片叠底"，"不透明度"为75%，"X位移"为0mm，"Y位移"为3mm，"模糊"为1.76mm，"颜色"为黑色。设置完成后单击

"确定"按钮。

步骤 57 效果如图所示。

步骤 58 使用同样的方法，为字母L、O、S添加相同的投影效果。

步骤 59 在字母I上方添加一个小圆点，填补该部位的空缺感。选择工具箱中的"椭圆工具"，在控制栏中设置"填充"为蓝色，"描边"为无。设置完成后在字母I上方绘制一个小正圆。

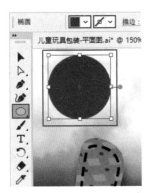

步骤 60 将正圆选中，使用快捷键Ctrl+C进行复制，使用快捷键Ctrl+F进行原位粘贴。在控制栏中设置"填充"为无，"描边"为白色。单击"描边"按钮，在弹出的下拉菜单中设置"粗细"为1pt，勾选"虚线"复选框，设置"虚线"为6pt，"间隙"为3pt。设置完成后，将光标放在定界框一角，按住Shift+Alt键的同时按住鼠标左键，将虚线描边进行等比例中心缩小。

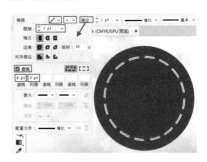

步骤 61 为蓝色正圆添加投影。将正圆选中，执行"效果>风格化>投影"命令，在打开的"投影"对话框中设置"模式"为"正片叠底"，"不透明度"为75%，"X位移"为0mm，"Y位移"为2mm，"模糊"为1.76mm，"颜色"为黑色。设置完成后单击"确定"按钮。

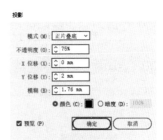

步骤 62 效果如图所示。

步骤 63 在标志文字上方添加彩色圆球。将素材"5.ai"打开，把彩色圆球复制一份。然

后回到当前操作文档，缩小彩色圆球，并将其放在字母D左侧，同时进行适当旋转操作。

步骤/64 将彩色圆球复制多份，放在其他标志文字周围，丰富整体视觉效果。

步骤/65 在正面底部添加文字。选择工具箱中的"文字工具"，在控制栏中设置合适的填充颜色、字体、字号。设置完成后在标志文字底部输入相应的点文字以及段落文字，将信息直接传达。

步骤/66 选中摇盖右侧的圆形标识文字，复制一份，放在正面右下角。此时正面以及顶部摇盖效果制作完成。

3.制作包装的其他面

步骤/01 制作另外一个正面的效果图。将制作完成的正面中的元素选中，单击鼠标右键，在弹出的快捷菜单中选择"变换>镜像"命令，在打开的"镜像"对话框中选中"水平"单选按钮。然后单击"复制"按钮。

步骤/02 将图形进行水平翻转的同时复制一份。将复制得到的图形移动至另外一个正面上方。

步骤/03 单击鼠标右键，在弹出的快捷菜单中选择"变换>镜像"命令，在打开的"镜像"对话框中选中"垂直"单选按钮。然后单击"确定"按钮。

步骤/04 将图形进行垂直方向的翻转对称操作，此时包装的两个正面效果图制作完成。

步骤/05 制作左边侧面的内容。将顶部摇盖上方的蓝色圆形标识文字选中，复制一份，放在该侧面上半部分。

步骤/06 在侧面添加云朵图形。选择工具箱中的"椭圆形工具"，在控制栏中设置"填充"为白色，"描边"为无。设置完成后在侧面矩形上方绘制圆形。

步骤/07 使用"椭圆形工具"，在已有椭圆右侧绘制另外三个大小不一的椭圆。将四个椭圆选中，使用快捷键Ctrl+G进行编组。

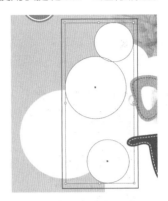

步骤/08 椭圆有超出侧面矩形的部分，需要对其进行隐藏处理。使用"矩形工具"，在椭圆上方绘制一个矩形，将需要保留的区域覆盖住。

步骤/09 将顶部矩形以及底部编组椭圆选中，使用快捷键Ctrl+7创建剪切蒙版，将椭圆多余区域进行隐藏处理。

步骤/10 在云朵图形上方添加段落文字。

选择工具箱中的"文字工具"，在侧面云朵图形
上方按住鼠标左键，拖动绘制文本框，并输入
合适的文字。在"字符"面板中设置合适的行
间距。

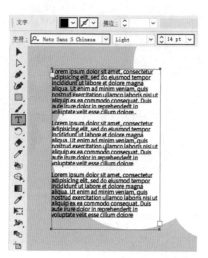

步骤/11 将顶部摇盖左侧的白色矩形以及
两个半透明小矩形各复制一份，放在左侧面段落
文字下方。

步骤/12 将素材"5.ai"打开，把房子图形
选中并复制一份。然后回到当前操作文档，将复
制的房子图形放在侧面白色矩形上方。

步骤/13 在房子右侧添加段落文字。

步骤/14 此时左侧面制作完成。

步骤/15 制作右侧面效果。使用制作左侧
面云朵图形的方法，在右侧面绘制椭圆形，使用
"剪切蒙版"功能将多余的图形隐藏。

步骤/16 在右侧面云朵图形顶部添加文字。
选择工具箱中的"文字工具"，在云朵图形顶部
空白处输入文字，然后在控制栏中设置"填充"

为黑色，"描边"为无，同时设置合适的字体、字号。

步骤/17 对文字形态进行调整。将文字选中，在打开的"字符"面板中设置"字间距"为380，将文字间距加大。同时单击"全部大写字母"按钮，将文字字母全部调整为大写形式。

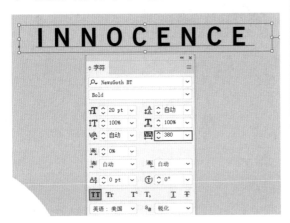

步骤/18 将文字选中，单击鼠标右键，在弹出的快捷菜单中选择"变换>旋转"命令，在打开的"旋转"对话框中设置"角度"为-90°。设置完成后单击"确定"按钮。

步骤/19 将文字按照设置好的角度进行旋转，同时将其摆放在右侧面边缘。

步骤/20 将素材"5.ai"打开，复制条形码等元素，并将其摆放在右侧面底部。此时包装的平面展开图制作完成。

步骤/21 执行"文件>导出>导出为"命令，在弹出的"导出"对话框中设置合适的"文件名"，设置"保存类型"为JPEG，同时勾选"使用画板"复选框。设置完成后单击"导出"按钮。

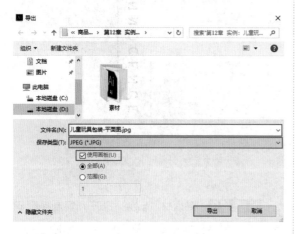

步骤/22 在弹出的"JPEG选项"对话框中单击"确定"按钮，即可将文档按照设置好的保存类型进行保存。

步骤/23 利用已有的平面图也可以制作出立体的包装效果。